建设工程工程造价快参系列

消防工程

张国栋 主编

内 容 简 介

本书以国家住房和城乡建设部最新颁布的《建设工程工程量清单计价规范》(GB 50500—2008)与《全国统一安装工程预算定额》为依据,将理论与实际有效地结合起来。内容包含消防工程的所有工程项目,每个项目里都分别讲述了该项目所对应的工程造价简述、重要名词及相关数据公式精选、工程定额及工程规范精汇、工程造价编制注意事项、工程量清单编制注意事项以及工程造价实例精讲。本书可供消防专业、监理(督)、工程咨询单位的工程造价人员、工程造价管理人员、工程审计人员等相关专业人士参考,也可作为高等院校经济类、工程管理类相关专业师生的实用参考书。

图书在版编目(CIP)数据

消防工程/张国栋主编. —天津:天津大学出版社,2012.8
(建设工程工程造价快参系列)
ISBN 978-7-5618-4441-0

Ⅰ.①消… Ⅱ.①张… Ⅲ.①消防设备 – 建筑安装 – 工程造价 Ⅳ.①TU998.13

中国版本图书馆 CIP 数据核字(2012)第 196034 号

出版发行	天津大学出版社
出 版 人	杨欢
地 址	天津市卫津路 92 号天津大学内(邮编:300072)
电 话	发行部:022-27403647
网 址	publish.tju.edu.cn
印 刷	昌黎太阳红彩色印刷有限责任公司
经 销	全国各地新华书店
开 本	185mm×260mm
印 张	8.75
字 数	218 千
版 次	2012 年 9 月第 1 版
印 次	2012 年 9 月第 1 次
定 价	268.00 元(全九册)

凡购本书,如有缺页、倒页、脱页等质量问题,烦请向我社发行部门联系调换
版权所有　侵权必究

编写人员名单

主编 张国栋
参编 文学红　李　锦　荆玲敏　郭芳芳
　　　　赵小云　马　波　杨进军　冯雪光
　　　　郭小段　苗　璐　洪　岩　李　雪
　　　　吴云雷　王春花　王文芳　董明明

前　言

随着我国经济建设的迅速发展,工程造价在社会主义现代化建设中发挥着越来越重要的作用,为了帮助消防工程造价工作者解决实际工作中经常遇到的难题,同时也为相关专业人员提供必要的参考资料,我们特组织编写本书。

本书内容包括:水灭火系统工程、气体灭火系统工程、泡沫灭火系统工程、火灾自动报警系统和消防系统调试工程、安全防范设备安装工程。

本书具有其独特的方面,主要表现如下。

(1)全。本书包括消防工程中所有的工程项目,将每个工程项目的重点知识精挑细选,从理论到实战实例分节划分,进行详细讲解。

(2)新。本书依据住房和城乡建设部颁布的《建设工程工程量清单计价规范》(GB 50500—2008)和《全国统一安装工程预算定额》第七册《消防及安全防范设备安装工程》(GYD—207—2000),将工程量清单计价的新内容、新方法、新规定引入在内,让读者在第一时间掌握规范的最新内容。

(3)实际操作性强。结合当前安装行情,选择典型消防工程作为实际案例,让读者真正接触到实际工作中工程量的计算方法和技巧。

本书在编写过程中得到了许多同行的支持与帮助,在此表示感谢。由于编者水平有限和时间紧迫,书中难免有错误和不妥之处,望广大读者批评指正。如有疑问,请登录 www.gczjy.com(工程造价员网)或 www.ysypx.com(预算员网)或 www.debzw.com(企业定额编制网)或www.gclqd.com(工程量清单计价网),或发邮件至 dlwhgs@tom.com 或 zz6219@163.com 与编者联系。

编者
2012 年 7 月

目 录

第一章 概述 ·· 1
第二章 水灭火系统工程 ··· 3
  第一节 水灭火系统工程造价简述 ·· 3
  第二节 重要名词及相关数据公式精选 ·· 3
  第三节 工程定额及工程规范精汇 ··· 15
  第四节 工程造价编制注意事项 ·· 18
  第五节 工程量清单编制注意事项 ··· 19
  第六节 工程造价实例精讲 ·· 20
第三章 气体灭火系统工程 ·· 38
  第一节 气体灭火系统工程造价简述 ·· 38
  第二节 重要名词及相关数据公式精选 ·· 39
  第三节 工程定额及工程规范精汇 ··· 44
  第四节 工程造价编制注意事项 ·· 45
  第五节 工程量清单编制注意事项 ··· 46
  第六节 工程造价实例精讲 ·· 46
第四章 泡沫灭火系统工程 ·· 70
  第一节 泡沫灭火系统工程造价简述 ·· 70
  第二节 重要名词及相关数据公式精选 ·· 71
  第三节 工程定额及工程规范精汇 ··· 78
  第四节 工程造价编制注意事项 ·· 79
  第五节 工程量清单编制注意事项 ··· 80
  第六节 工程造价实例精讲 ·· 80
第五章 火灾自动报警系统和消防系统调试工程 ·· 90
  第一节 火灾自动报警系统和消防系统调试工程造价简述 ······························· 90
  第二节 重要名词及相关数据公式精选 ·· 91
  第三节 工程定额及工程规范精汇 ··· 102
  第四节 工程造价编制注意事项 ·· 104
  第五节 工程量清单编制注意事项 ··· 105
  第六节 工程造价实例精讲 ·· 105
第六章 安全防范设备安装工程 ··· 119
  第一节 安全防范设备安装工程造价简述 ··· 119
  第二节 重要名词及相关数据公式精选 ·· 119
  第三节 工程定额及工程规范精汇 ··· 126
  第四节 工程造价编制注意事项 ·· 126
  第五节 工程造价实例精讲 ·· 127

第一章 概述

人类在远古时代就已经学会用火,火带给人类文明与温暖,到了近代,随着科学技术的发展,火在人类的生产及生活中也越来越重要。但是,火一旦失去控制,就会造成火灾,而在所有的自然灾害中,火灾的发生频率最高,危险性也最大。

人类在牢记火灾教训的同时,也在不断地思考、寻找建立一个行之有效的系统,用以控制火灾、战胜火灾,这便是现今人们常说的"建筑消防系统"。

建筑消防系统,以建筑物或高层建筑物为被控对象,通过自动化手段实现火灾的自动报警及自扑灭。

在结构上,建筑消防系统通常由两个子系统组成,即自动报警(监测)子系统及自动灭火子系统。自动灭火系统包括自动灭火、减灾两个子系统。从建筑消防系统工作原理来看,建筑消防系统又是一个典型的闭环控制系统。

建筑消防系统是典型的自动监测火情、自动报警、自动灭火的自动化消防系统。

当今世界,由于电子技术、自动控制技术及计算机技术的高速发展,有力地促进了消防系统的发展。现代消防系统中采用了先进的火灾探测器探测火情,自动确认火灾并发出火灾报警信号,自动启动灭火设备、指挥灭火等。

消防工程水平的高低,受国家经济力量、技术水平的制约,又与人们的思想意识尤其是领导的思想意识、安全意识密切相关。消防工程对减少火灾发生、降低火灾损失起重要作用。

消防工程以国家或地方政府制定的概、预算定额和价格表为依据编制的消防工程造价,称为消防工程概算或预算;若不是以国家或地方政府制定的概、预算定额和价格表为依据编制的消防工程造价,称为消防工程造价。

消防系统的灭火装置包括灭火介质和灭火器械。灭火介质有水、二氧化碳、干粉和泡沫等,灭火器械有消火栓、灭火器等。

消防工程的内容包括水灭火系统、气体灭火系统、泡沫灭火系统、消防系统调试和火灾自动报警系统以及安全防范设备安装等几个方面。

消防工程有以下几个特点。

(1)涉及面广:消防工程从广义上说,涉及城市、县城、集镇、工业企业、建筑物、古建筑物等的消防;就单个建筑来说,涉及建筑、结构、给水、气体灭火、通风空调、防(排)烟、电气等方方面面。

(2)高标准、严要求:不论是建筑结构的消防工程,还是消防给水、气体灭火、通风空调、防(排)烟系统、电气消防工程等,均涉及国家人民生命财产的安全,因此对各项消防工程必须高标准、严要求。

(3)综合性强:广义说,从建设工程总体布局、总平面布置、平面布置和给水、自动灭火、通风空调和电气等,都涉及消防工程内容,而目前消防工程的重点在安装消防给水、自动灭火系统、火灾自动报警系统、疏散指示标志灯、应急照明灯、防(排)烟系统、防火门或卷帘等中的一个或几个项目,各有关工种必须衔接好、配合好,使整个消防工程的质量、外观等趋于一致。

总之,消防工程在整个建设工程领域内占有举足轻重的地位,正确快速地搞好消防工程造价将会为相关人员节省大量时间,真正起到省时、省力的作用。

第二章 水灭火系统工程

第一节 水灭火系统工程造价简述

水灭火系统包括消火栓和自动喷淋灭火,包括的项目有管道安装、系统组件(喷头、报警装置、水流指示器)安装、其他组件(减压孔板、末端试水装置、集热板)安装、消火栓(室内外消火栓、水泵接合器)安装、气压水罐安装、管道支架制作安装等工程,并按安装部位(室内外)、材质、型号规格、连接方式及除锈、刷油、绝热等不同特征设置清单项目,编制工程量清单时,必须明确描述各种特征,以便计价。

消火栓灭火包括室内消火栓灭火和室外消火栓灭火。

室内消火栓灭火系统由高位水箱(蓄水池)、消防水泵(加压泵)、管网、室内消火栓设备、室外露天消火栓以及水泵接合器等组成。对于建筑层数大于或等于10层的普通住宅及高级住宅,建筑高度大于24 m 的医院,二类建筑的商业楼、展览楼、综合楼、财贸金融楼、电信楼、商住楼、图书馆、书库,省级以下的邮政楼、防火指挥调度楼、广播电视楼、电力调度楼,高级旅馆、重要办公楼、科研楼以及档案楼必须设置室内消火栓给水系统。

室内消火栓系统中消火泵的启动和控制方式选择,与建筑物的规模及水系统有关,以确保安全、控制电路简单合理为原则。

室外消火栓的作用是向消防车提供消防用水或直接连接水带、水枪进行灭火。室外消火栓露天设置,是市政供水系统或消防给水系统的消防取水口。对于工厂、仓库和民用建筑,易燃、可燃材料露天、半露天堆场,惰性气体储罐区,高层民用建筑,汽车库(区),甲、乙、丙类液体储罐、堆场应设室外消火栓给水系统。

自动喷淋灭火系统结构简单、造价低,使用维护方便、工作可靠、性能稳定,且系易与其他辅助灭火设施配合工作,形成集灭火救灾于一体的减灾灭火系统,再加上系统本身大量采用先进的微机控制技术,使灭火系统更加操纵灵活、控制可靠、性能先进、功能齐全等,使其成为建筑物内尤其是高层民用建筑、公共建筑、普通工厂最基本、最常用的消防设施。

由于水是不燃物质,且与燃烧物接触后会通过物理、化学反应从中吸收热量,从而对燃烧物起到冷却作用;同时,水在被加热和汽化的过程中所产生的大量水蒸气,能阻止空气进入燃烧区,并能降低燃烧区内的氧含量从而减弱燃烧强度,所以水灭火是使用最广泛的灭火方法。

第二节 重要名词及相关数据公式精选

一、重要名词精选

1. 消防泵

目前消防泵多采用离心式水泵,它是给水系统的心脏,对系统的使用安全影响很大。在选择水泵时,要满足系统的流量和压力要求。消防泵可采用电动机、内燃机作为动力,一般要求应有可靠的备用动力。

2. 警铃

警铃是以音响方式发出火灾警报信号的装置,如图2-1所示。

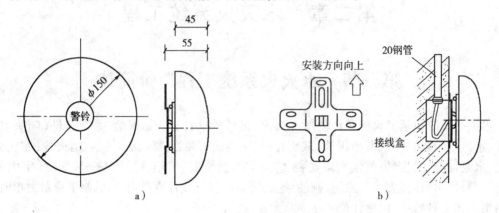

图 2-1 警铃及其安装
a)警铃 b)警铃安装示意图

3. 减压孔板

在一块钢板上开一直径较小的孔,利用其局部水头损失实现减压的目的。减压孔板的安装如图2-2所示。

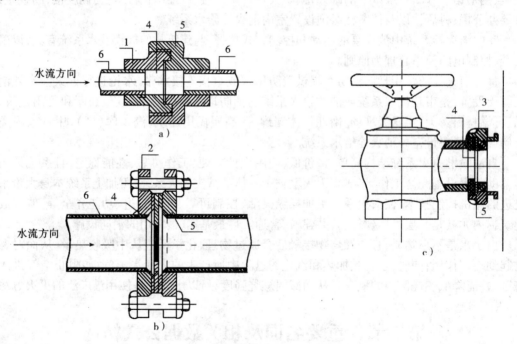

图 2-2 减压孔板安装示意图
a)栓前活接头内安装 b)栓前法兰连接安装 c)栓后固定接口内安装
1—活接头 2—法兰 3—消火栓固定接口 4—减压孔板 5—密封垫 6—消火栓支管

4. 水压试验

水压试验是指施工单位对钢板卷制焊接的钢管,按生产制造钢管的有关技术标准进行强度检验和严密性检验的试验。

5. 喷头

喷头是一种直接喷水灭火的组件,它的性能好坏,直接关系着系统的启动和灭火、控火效果。喷头可分为闭式喷头、开式喷头和特殊喷头三种。喷头安装如图2-3所示。

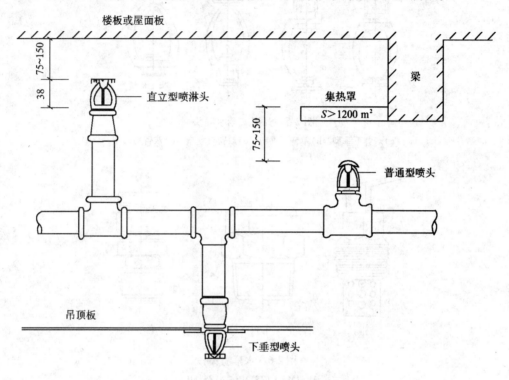

图2-3 喷头安装示意图

6. 玻璃球式喷头

玻璃球式喷头由喷口、玻璃球支撑及溅水盘组成,如图2-4所示。

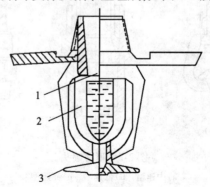

图2-4 玻璃球式喷头
1—喷口 2—玻璃球支撑 3—溅水盘

7. 开式喷头

开式喷头指下带热敏元件的喷头。分为开启式洒水喷头（如图2-5所示）、水幕喷头（如图2-6所示）和喷雾喷头（如图2-7所示）。

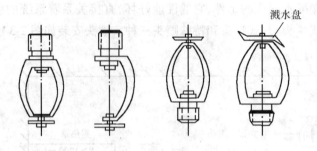

图2-5 开启式洒水喷头

a）双臂下垂型 b）单臂下垂型 c）双臂直立型 d）双臂边墙型

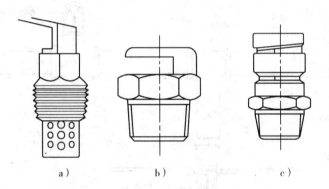

图2-6 水幕喷头

a）ZSTM b）ZSTMB c）ZSTMC

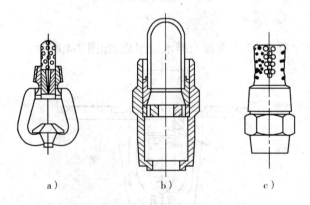

图2-7 喷雾喷头

a）中速型 b）低速型 c）高速型

8. 水流指示器

水流指示器是喷水灭火系统中十分重要的水流传感器，如图2-8所示。

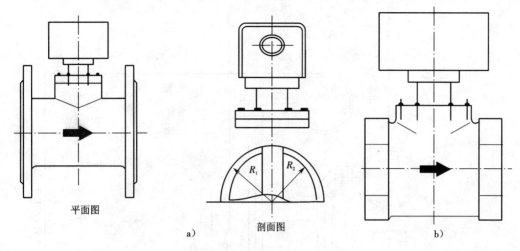

图 2-8 水流指示器
a)法兰式水流指示器 b)螺纹式水流指示器

9. 压力开关

压力开关是喷水灭火系统中十分重要的水压传感式继电器,与水力警铃一起统称为水(压)力警报器。

10. 报警阀

报警阀也称作报警控制阀,是喷洒水灭火系统中接通或中断水源并启动报警器的重要装置,不同类型的喷水灭火系统应配备相应的专用报警阀。工程中根据所设计的湿式灭火系统,一般报警阀可分为湿式报警阀(如图 2-9 中所示)、干式报警阀和雨淋阀。

11. 事故照明

在火灾发生时,无论事故停电或是人为切断电源的情况下,为了保证扑救人员的正常工作和建筑物内人员的安全疏散,必须保持一定的电光源,据此而设置的照明总称为事故照明。

12. 疏散指示装置

在安全疏散期间,为防止疏散通道骤然变暗就要保证一定的亮度,以抑制人们心理上的惊慌,确保疏散安全,这就要以显眼的文字、鲜明的箭头标记指明疏散方向,引导疏散,这种装置叫疏散指示装置。

13. 镀锌钢管

镀锌钢管是一种焊接钢管,一般由 Q235 碳素钢制造。它的表面镀锌发白,又称白铁管。

14. 室内消火栓灭火系统

室内消火栓灭火系统是自动监测、报警,自动灭火的自动化消防系统。该系统一般由消防控制电路、消防水泵、消火栓、管网及压力传感器等组成。消火栓灭火系统框图如图 2-10 所示。

15. 水泵接合器

水泵接合器是消防车从室外水源取水,向室内管网供水的接口,分地上式、地下式和墙壁式三种。水泵接合器安装如图 2-11 所示。

16. 自动喷水系统控制

对湿式自动喷水灭火系统的控制,主要是对系统中所设喷淋泵的启、停控制,无火灾时,管

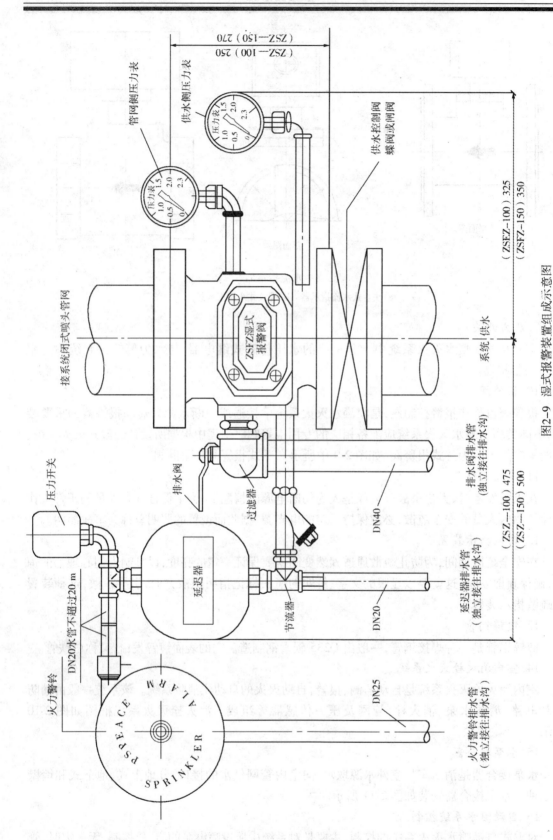

图2-9 湿式报警装置组成示意图

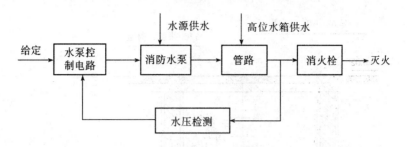

图 2-10 消火栓灭火系统框图

网内充满压力水,管网压力由高位水箱提供。发生火灾时,由于着火区温度急剧升高,闭式喷头中的玻璃球炸裂,喷头打开,喷出压力水灭火。

二、重要数据精选

水灭火系统的重要数据见表 2-1 ~ 表 2-14。

表 2-1　ZSFZ 型湿式报警阀规格尺寸　　　　　　　　　　　　　　　mm

型号	公称通径 /mm	额定工作压力 /MPa	极限流量下压力损失 /MPa	质量/kg
ZSFZ100	100	1.2	0.008	25
ZSFZ150	150	1.2	0.008	36

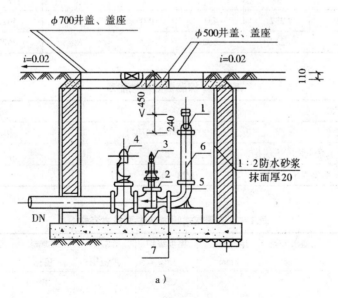

a)

图 2-11　水泵接合器安装
a) SQX—A 型
1—消防接口本体　2—止回阀　3—安全阀　4—闸阀
5—弯头　6—法兰接管　7—放水阀

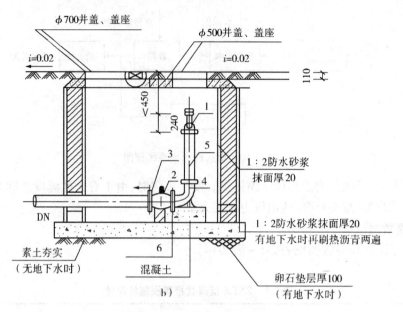

图 2-11 水泵接合器安装(续)
b) SQX—B 型
1—消防接口本体 2—安全止回阀 3—蝶阀 4—弯头 5—法兰接管 6—放水阀

表 2-2 ZSFZ 型湿式报警阀安装规格尺寸   mm

型号	A	B	C	D	E	F	G
ZSFZ100	362	237	451	907	780	462	247
ZSFZ150	362	237	600	970	788	462	270

表 2-3 探测器底座性能表

工作温度/℃		$-25 \sim +70$	备注
工作湿度		$\leq 100\%((40\pm2)℃)$	相对湿度
穿线截面面积 /mm²	端子排	$0.2 \sim 2.5$	
	微型端子	$0.28 \sim 0.5$	

表 2-4 玻璃球式喷淋头主要技术参数

型号	直径 /mm	通水口径 /mm	接管螺纹 /mm	温度级别 /℃	炸裂温度范围	玻璃球色标	最高环境温度/℃	流量系数 K/%
ZST—15 系列	15	11	ZG12.7	57 68 79 93	+15%	橙 红 黄 绿	27 38 49 63	80

表 2-5 玻璃球式喷淋头动作温度级别

动作温度/℃	安装环境最高允许温度/℃	颜色
57	38	橙
68	49	红
79	60	黄
93	74	绿
141	121	蓝
182	160	紫
227	204	黑
260	238	黑

表 2-6 喷头安装间距   m

建筑物危险等级	标准喷头（口径 15 mm）		边墙型喷头最大水平间距
	最大水平间距	与墙、柱最大间距	
轻危险级	4.6	2.3	4.6
中危险级	1.8	3.6	3.6
严重危险级	2.3~2.8	1.1~1.4	—

表 2-7 高于梁底的喷头安装距离   mm

L	H		L	H	
	喷头直立安装	喷头下垂安装		喷头直立安装	喷头下垂安装
100	—	17	1 000	90	415
200	17	40	1 200	135	460
400	34	100	1 400	200	460
600	51	200	1 600	265	460
800	68	300	1 800	340	460

表 2-8 湿式报警阀规格

型号	公称直径/mm	A	B	质量/kg	最大工作压力/MPa
ZSFS100/D	100	115	153	9	1.2
ZSFS150/D	150	127	219	15	1.2
ZSFS200/D	200	160	274	27	1.2

表 2-9 部分国产水流指示器性能参数表

型号	结构特点	额定工作压力/Pa	最低动作流率/不动作流率 /(m³/s)	延时时间/s	电源电压/V 电源电流/mA	输出触点	生产厂家
ZSJZ	带电子延时装置	1.2×10^6	$\dfrac{0.667 \times 10^{-3}}{0.250 \times 10^{-3}}$	0.4~60	$\dfrac{24}{85}$	一对 −24 V、3 A	四川消防机械总厂
ZSJZ	带机械延时装置	1.2×10^6	0.917×10^{-3}	0.4~60	—	一对 ~220 V、5 A	广州消防器材厂
JSJZ	无延时装置	1.2×10^6	$\dfrac{0.750 \times 10^{-3}}{0.250 \times 10^{-3}}$	—	—	一对 ~220 V、2 A	无锡报警设备厂

表 2-10 部分国产压力开关性能参数表

型号	额定工作压力/Pa	压力可调范围/Pa	输出接点 形式	−380 V	−220 V	−24 V	生产厂家
ZSJY—10	10^6	$10^5 \sim 10^6$	一对常开		3 A	3 A	四川消防机械总厂
ZSJY	1.2×10^6	$3.5 \times 10^3 \sim 1.2 \times 10^6$	常开、常闭各一对		5 A	3 A	广州消防器材厂
ZSJY	1.2×10^6	$50 \times 10^3 \sim 2 \times 10^5$		5 A			无锡报警设备厂

表 2-11 标准喷头技术参数

危险等级	项目	设计喷水强度/[L/(min·m²)]	作用面积/m²	喷头工作压力/Pa	危险等级	设计喷水强度/[L/(min·m²)]	作用面积/m²	喷头工作压力/Pa
严重危险级	生产建筑物	10	300	9.8×10^4	中危险级	6	200	9.8×10^4
严重危险级	贮存建筑物	15	300	9.8×10^4	轻危险级	3	180	9.8×10^4

注:最不利点处喷头最低工作压力不应小于 4.9×10^4 Pa(0.5 kg/cm²)。

表 2-12 管道的单位长度容积表

管径/mm	25	32	40	50
容积/(L/m)	0.531	0.948	1.257	2.124
管径/mm	70	80	100	150
容积/(L/m)	3.526	4.964	8.659	18.869

表 2-13 闭式喷水灭火系统的消防用水量和水压

建、构筑物的危险等级		消防用水量/(L/s)	设计喷水强度/[L/(min·m²)]	作用面积/m²	喷头工作压力/Pa
严重危险级	生产建筑物	50	10.0	300	9.8×10^4
严重危险级	贮存建筑物	75	15.0	300	9.8×10^4

(续)

建、构筑物的危险等级	消防用水量 /(L/s)	设计喷水强度 /[L/(min·m²)]	作用面积 /m²	喷头工作压力 /Pa
中危险级	20	6.0	200	9.8×10^4
轻危险级	9	3.0	180	9.8×10^4

注：1. 消防用水量 = 设计喷水强度/60 × 作用面积；
 2. 计算管路上最不利点处喷头工作压力可降低到 5×10^4 Pa。

表 2-14 各种危险等级的消防用水量

建筑物、构筑物 危险等级		严重危险级		中危险级	轻危险级
		生产建筑物	贮存建筑物		
系统流量/(L/s)		50	75	20	9
系统设计流量 /(L/s)	1.15	57.5	86.25	23	10.35
	1.30	65	97.50	26	11.70
一次消防用水量 /m³	1.15	20.7	310.5	82.8	37.26
	1.30	23.4	351.0	93.6	42.12

三、重要公式精选

1. 试验压力

$$p_s = \frac{200SR}{D_w - 2S}$$

式中　p_s——试验压力(MPa)；
　　　S——管壁厚度(mm)；
　　　R——管材许用应力(MPa)；
　　　D_w——管子外径(mm)。

2. 消防水箱高度

$$H = H_q + h_d + h_g$$

式中　H——水箱与最不利点消火栓之间的垂直高度(m)；
　　　H_q——最不利点消防水枪喷嘴所需水压(mH_2O)；
　　　h_d——水龙带的水头损失(mH_2O)；
　　　h_g——管网的压力损失(mH_2O)，应按室内消防用水量达到最大的进行计算。

3. 消防水泵的扬程

$$H_b = H_q + h_d + h_g + h_z$$

式中　H_b——消防水泵的压力(mH_2O)；
　　　H_q——最不利点消防水枪喷嘴所需水压(mH_2O)；
　　　h_d——消防水龙带的水头损失(mH_2O)；
　　　h_g——管网总水头损失(包括自水泵吸水管至最不利消火栓口全部管路)(mH_2O)；

h_z——消防水池最低水位与系统最不利点消火栓口之高差(mH_2O)。

4. 冷却水量

若采用固定冷却方式,据国家油库设计规范规定着火油罐的冷却水供给强度为 0.5 L/(s·m),冷却范围按罐周长计算,冷却时间因罐直径小于 20 m 按 4 h 计。

$$Q_{冷水_1} = Sq_水 t \times 60 \times 60$$

$$S = \pi D = 3.14 \times 11.58 \text{ m} = 36.36 \text{ m}$$

式中 $Q_{冷水_1}$——着火罐冷却水量(L);

S——罐周长(m);

$q_水$——供水强度[L/(s·m)];

t——供水时间(h);

60——第一个 60 是将小时变成分,第二个 60 是将分变成秒;

D——罐直径(m)。

5. 消防水池容积

$$W = 3.6(\Sigma Qt - \Sigma qt)$$

式中 W——消防水池容积(m^3);

Q——各类建筑的室外、室内消防用水总量(L/s);

t——相应于各类火灾的延续时间(指消防车开始从水池抽水到火灾基本被扑灭为止的一段时间,根据我国有关消防规范规定选用)(h);

q——火灾延续时间内可由其他水源(如市政管网)补充的流量(L/s)。

6. 自动喷水灭火系统设计秒流量

$$\theta_s = 1.15 \sim 1.30 \theta_L$$

式中 θ_s——系统设计秒流量(L/s);

θ_L——系统秒流量,即作用面积与喷水强度的乘积(L/s)。

7. 室内消火栓用水量

$$Q = nq$$

式中 Q——室内消火栓用水量(L/s);

n——同时使用水枪数量;

q——相应于喷嘴充实水柱长度的流量(L/s)。

8. 水流通过孔板的水头损失

$$H = 10\xi \frac{v^2}{2g}$$

$$\xi = \left[1.75 \frac{D^2(1.1 - d^2/D^2)}{d^2(1.175 - d^2/D^2)} - 1\right]^2$$

式中 H——水流通过孔板的水头损失(kPa);

v——水流通过孔板后流速(m/s);

10——单位损失值(mH_2O);

ξ——阻力系数;

D——给水管管径(mm);

d——孔板的孔径(mm)。

9. 一个探测区域内所需设置探测器的数量

$$N \geq \frac{S}{KA}$$

式中　N——一个探测区域内所需设置的探测器数量(只)；

　　　S——一个探测器区域的面积(m^2)；

　　　A——一个探测器的保护面积(m^2)；

　　　K——修正系数，$K=0.7\sim1.0$，重点保护建筑取$0.7\sim0.9$，非重点保护建筑取1.0。

第三节　工程定额及工程规范精汇

一、水灭火系统定额工程量计算规则

(1) 镀锌钢管安装定额也适用于镀锌无缝钢管，其对应关系见表2-15。

表2-15　对应关系表　　　　　　　　　　　　　　　　　　　　　　mm

公称直径	15	20	25	32	40	50	70	80	100	150	200
无缝钢管外径	20	25	32	38	45	57	76	89	108	159	219

(2) 喷头安装按有吊顶、无吊顶分别以"个"为计量单位。

(3) 报警装置安装按成套产品以"组"为计量单位。其他报警装置适用于雨淋、干式(干湿两用)及预作用报警装置，其安装执行湿式报警装置安装定额，其人工乘以系数1.2，其余不变。成套产品包括的内容详见表2-16。

表2-16　成套产品包括的内容

序号	项目名称	型号	包括内容
1	湿式报警装置	ZSS	湿式阀、蝶阀、装配管、供水压力表、装置压力表、试验阀、泄放试验阀、泄放试验管、试验管流量计、过滤器、延时器、水力警铃、报警截止阀、漏斗、压力开关等
2	干湿两用报警装置	ZSL	两用阀、蝶阀、装配管、加速器、加速器压力表、供水压力表、试验阀、泄放试验阀(湿式)、泄放试验阀(干式)、挠性接头、泄放试验管、试验管流量计、排气阀、截止阀、漏斗、过滤器、延时器、水力警铃、压力开关等
3	电动雨淋报警装置	ZSYl	雨淋阀、蝶阀(2个)、装配管、压力表、泄放试验阀、流量表、截止阀、注水阀、止回阀、电磁阀、排水阀、手动应急球阀、报警试验阀、漏斗、压力开关、过滤器、水力警铃等
4	预作用报警装置	ZSU	干式报警阀、控制蝶阀(2个)、压力表(2块)、流量表、截止阀、排放阀、注水阀、止回阀、泄放阀、报警试验阀、液压切断阀、装配管、供水检验管、气压开关(2个)、试压电磁阀、应急手动试压器、漏斗、过滤器、水力警铃等
5	室内消火栓	SN	消火栓箱、消火栓、水枪、水龙带、水龙带接扣、挂架、消防按钮
6	室外消火栓	地上式 SS 地下式 SX	地上式消火栓、法兰接管、弯管底座 地下式消火栓、法兰接管、弯管底座或消火栓三通

(续)

序号	项目名称	型号	包括内容
7	消防水泵接合器	地上式SQ 地下式SQX 墙壁式SQB	消防接口本体、止回阀、安全阀、闸阀、弯管底座、放水阀； 消防接口本体、止回阀、安全阀、闸阀、弯管底座、放水阀； 消防接口本体、止回阀、安全阀、闸阀、弯管底座、放水阀、标牌
8	室内消火栓组合卷盘	SN	消火栓箱、消火栓、水枪、水龙带、水龙带接扣、挂架、消防按钮、消防软管卷盘

(4)水流指示器、减压孔板安装,按不同规格均以"个"为计量单位。

(5)末端试水装置按不同规格均以"组"为计量单位。

(6)室内消火栓安装,区分单栓和双栓以"套"为计量单位,所带消防按钮的安装另行计算。成套产品包括的内容详见表2-16。

(7)室内消火栓组合卷盘安装,执行室内消火栓安装定额乘以系数1.2。成套产品包括的内容详见表2-16。

(8)消防水泵接合器安装,区分不同安装方式和规格以"套"为计量单位。如设计要求用短管时,其本身价值可另行计算,其余不变。成套产品包括的内容详见表2-16。

(9)管道支吊架已综合支架、吊架及防晃支架的制作安装,均以"kg"为计量单位。

(10)管道安装按设计管道中心长度,以"m"为计量单位,不扣除阀门、管件及各种组件所占长度。主材数量应按定额用量计算,管件含量见表2-17。

表2-17 镀锌钢管(螺纹连接)管件含量表 10 m

项目	名称	公称直径(mm 以内)						
		25	32	40	50	70	80	100
管件含量	四通	0.02	1.20	0.53	0.69	0.73	0.95	0.47
	三通	2.29	3.24	4.02	4.13	3.04	2.95	2.12
	弯头	4.92	0.98	1.69	1.78	1.87	1.47	1.16
	管箍		2.65	5.99	2.73	3.27	2.89	1.44
	小计	7.23	8.07	12.23	9.33	8.91	8.26	5.19

(11)温感式水幕装置安装,按不同型号和规格以"组"为计量单位。但给水三通至喷头、阀门间管道的主材数量按设计管道中心长度另加损耗计算,喷头数量按设计数量另加损耗计算。

(12)室外消火栓安装,区分不同规格、工作压力和覆土深度以"套"为计量单位。

(13)隔膜式气压水罐安装,区分不同规格以"台"为计量单位。出入口法兰和螺栓按设计规定另行计算。地脚螺栓是按设备带有考虑的,定额中包括指导二次灌浆用工,但二次灌浆费用应按相应定额另行计算。

(14)自动喷水灭火系统管网水冲洗,区分不同规格以"m"为计量单位。

二、水灭火系统工程定额换算

(1)界线划分按下列规定执行。

①室内外界线:以建筑物外墙皮1.5m为界,入口处设阀门者以阀门为界。

②设在高层建筑内的消防泵间管道与水灭火系统安装界线,以泵间外墙皮为界。

(2)设置于管道间、管廊内的管道,其定额人工乘以系数1.3。

(3)主体结构为现场浇筑采用钢模施工的工程:内外浇筑的定额人工乘以系数1.05,内浇外砌的定额人工乘以系数1.03。

(4)螺纹连接的不锈钢管、铜管及管件安装时,按无缝钢管和铜制管件安装相应定额,乘以系数1.20。

三、水灭火系统工程清单规范

水灭火系统工程量清单项目设置及工程量计算规则,应按表2-18的规定执行。

表2-18 水灭火系统(编码:030701)

项目编码	项目名称	项目特征	计量单位	工程量计算规则	工程内容
030701001	水喷淋镀锌钢管	1.安装部位(室内、外) 2.材质 3.型号、规格 4.连接方式 5.除锈标准、刷油、防腐设计要求 6.水冲洗、水压试验设计要求	m	按设计图示管道中心线长度以延长米计算,不扣除阀门、管件及各种组件所占长度;方形补偿器以其所占长度按管道安装工程量计算	1.管道及管件安装 2.套管(包括防水套管)制作、安装 3.管道除锈、刷油、防腐 4.管网水冲洗 5.无缝钢管镀锌 6.水压试验
030701002	水喷淋镀锌无缝钢管				
030701003	消火栓镀锌钢管				
030701004	消火栓钢管				
030701005	螺纹阀门	1.阀门类型、材质、型号、规格 2.法兰结构、材质、规格、焊接形式	个		1.法兰安装 2.阀门安装
030701006	螺纹法兰阀门				
030701007	法兰阀门				
030701008	带短管甲乙的法兰阀门				
030701009	水表	1.材质 2.型号、规格 3.连接方式	组	按设计图示数量计算	安装
030701010	消防水箱制作安装	1.材质 2.形状 3.容量 4.支架材质、型号、规格 5.除锈标准、刷油设计要求	台		1.制作 2.安装 3.支架制作、安装及除锈、刷油 4.除锈、刷油
030701011	水喷头	1.有吊顶、无吊顶 2.材质 3.型号、规格	个	按设计图示数量计算	1.安装 2.密封性试验

(续)

项目编码	项目名称	项目特征	计量单位	工程量计算规则	工程内容
030701012	报警装置	1.名称、型号 2.规格	组	按设计图示数量计算(包括湿式报警装置、干湿两用报警装置、电动雨淋报警装置、预作用报警装置)	安装
030701013	温感式水幕装置	1.型号、规格 2.连接方式	组	按设计图示数量计算(包括给水三通至喷头、阀门间的管道、管件、阀门、喷头等的全部安装内容)	安装
030701014	水流指示器	规格、型号	个	按设计图示数量计算	安装
030701015	减压孔板	规格	个	按设计图示数量计算	安装
030701016	末端试水装置	1.规格 2.组装形式	组	按设计图示数量计算(包括连接管、压力表、控制阀及排水管等)	安装
030701017	集热板制作安装	材质	个	按设计图示数量计算	制作、安装
030701018	消火栓	1.安装部位(室内、外) 2.型号、规格 3.单栓、双栓	套	按设计图示数量计算(安装包括室内消火栓、室外地上式消火栓、室外地下式消火栓)	安装
030701019	消防水泵接合器	1.安装部位 2.型号、规格	套	按设计图示数量计算(包括消防接口本体、止回阀、安全阀、闸阀、弯管底座、放水阀、标牌)	安装
030701020	隔膜式气压水罐	1.型号、规格 2.灌浆材料	台	按设计图示数量计算	1.安装 2.二次灌浆

第四节 工程造价编制注意事项

(1)《全国统一安装工程预算定额》第七册《消防及安全防范设备安装工程》(GYD—207—2000)中的"第二章 水灭火系统安装"定额适用于工业和民用建(构)筑物设置的自动喷水灭火系统的管道、各种组件、消火栓、气压水罐的安装及管道支吊架的制作、安装。

(2)管道安装定额：
①包括工序内一次性水压试验；
②镀锌钢管法兰连接定额，管件是按成品、弯头两端是按接短管焊法兰考虑的，定额中包括了直管、管件、法兰等全部安装工序内容，但管件、法兰及螺栓的主材数量应按设计规定另行

计算；

③定额也适用于镀锌无缝钢管的安装。

(3)喷头、报警装置及水流指示器安装定额均按管网系统试压、冲洗合格后安装考虑的，定额中已包括丝堵、临时短管的安装、拆除及其摊销。

(4)其他报警装置适用于雨淋、干湿两用及预作用报警装置。

(5)温感式水幕装置安装定额中已包括给水三通至喷头、阀门间的管道、管件、阀门、喷头等全部安装内容。但管道的主材数量按设计管道中心长度另加损耗计算，喷头数量按设计数量另加损耗计算。

(6)集热板的安装位置：当高架仓库分层板上方有孔洞、缝隙时，应在喷头上方设置集热板。

(7)隔膜式气压水罐安装定额中地脚螺栓是按设备带有考虑的，定额中包括指导二次灌浆用工，但二次灌浆费用另计。

(8)管道支吊架制作安装定额中包括了支架、吊架及防晃支架。

(9)管网冲洗定额是按水冲洗考虑的，若采用水压气动冲洗法，可按施工方案另行计算。定额只适用于自动喷水灭火系统。

(10)其他应注意事项。

①阀门法兰安装、各种套管的制作安装、泵房间管道安装及管道系统强度试验、严密性试验执行《全国统一安装工程预算定额》第六册《工业管道工程》(GYD—206—2000)相应定额。

②消火栓管道、室外给水管道安装及水箱制作安装，执行《全国统一安装工程预算定额》第八册《给排水、采暖、燃气工程》(GYD—208—2000)相应定额。

③各种消防泵、稳压泵等的安装及二次灌浆，执行《全国统一安装工程预算定额》第一册《机械设备安装工程》(GYD—201—2000)相应定额。

④管道、设备、支架、法兰焊口除锈、刷油，执行《全国统一安装工程预算定额》第十一册《刷油、防腐蚀、绝热工程》(GYD—211—2000)相应定额。

第五节　工程量清单编制注意事项

(1)水灭火系统的内容包括：镀锌钢管、阀门、水表、水喷头、报警装置、消火栓等项目。

(2)管道界限的划分。喷淋系统水灭火管道：室内外界限应以建筑物外墙皮1.5 m为界，入口处设阀门者应以阀门为界；设在高层建筑物内的消防泵间管道应以泵间外墙皮为界。消火栓管道：给水管道室内外界限划分应以外墙皮1.5 m为界，入口处设阀门者应以阀门为界。与市政给水管道的界限应以水表井为界；无水表井的，应以与市政给水管道碰头点为界。

(3)室内消火栓，包括消火栓箱、消火栓、水枪、水龙头、水龙带接扣、挂架、消防按钮。

(4)编制工程量清单时，必须明确描述各种特征。特征中要求描述的安装部位：管道是指室内、室外，消火栓是指室内、室外、地上、地下，消防水泵接合器是指地上、地下、壁挂等。要求描述的材质：管道是指焊接钢管(镀锌、不镀锌)、无缝钢管(冷拔、热轧)。要求描述的型号规格：管道是指口径(一般为公称直径，无缝钢管应按外径及壁厚表示)；阀门是指阀门的型号，如Z41T—10—50，J11T—16—25；报警装置是指湿式报警、干湿两用报警、电动雨淋报警、预作用报警等；连接形式是指螺纹连接、焊接。

第六节 工程造价实例精讲

【例1】 图2-12为某办公楼消防系统局部立体图,竖直管段采用DN100规格的镀锌钢管,水平管段一层采用DN80的镀锌钢管,其连接采用螺纹连接。试计算工程量并套用定额(不含主材费)。

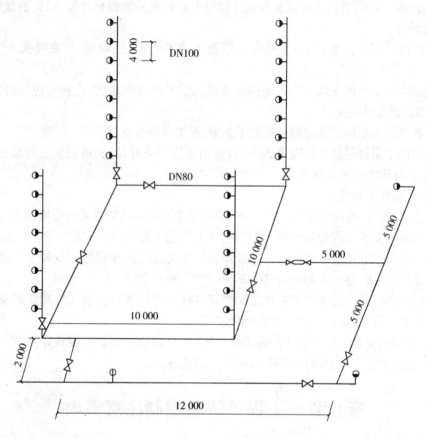

图2-12 水喷淋系统图

【解】 (1)清单工程量。

①DN100水喷淋镀锌钢管。

$4 \times 8 \times 4$ m $= 128$ m （8个楼层,4条竖直管段,每个楼层4 m）

②DN80水喷淋镀锌钢管。

室内部分

10×4 m $= 40$ m

室外部分(室外消防栓到室内距离)

$(5+5+5+12+2)$ m $= 29$ m

清单工程量计算见表2-19。

表 2-19 清单工程量计算表

序号	项目编码	项目名称	项目特征描述	计量单位	工程量
1	030701001001	水喷淋镀锌钢管	室内,DN100	m	128.00
2	030701001002	水喷淋镀锌钢管	室内,DN80	m	40.00
3	030701001003	水喷淋镀锌钢管	室外,DN80	m	29.00

(2)定额工程量。

①DN100 水喷淋镀锌钢管。

定额编号 7-73,基价 100.95 元,其中人工费 76.39 元,材料费 15.30 元,机械费 9.26 元。

②DN80 水喷淋镀锌钢管。

定额编号 7-72,基价 96.80 元,其中人工费 67.80 元,材料费 18.53 元,机械费 10.47 元。

【例 2】 图 2-13 为一深型地上式消火栓,消火栓镀锌钢管的长度为消火栓立管的中心线到连接消防管主干管出口处即图中 A 点所示位置。试计算工程量并套用定额(不含主材费)。

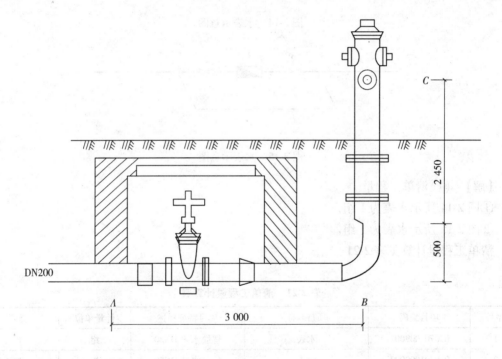

图 2-13 消火栓示意图

【解】 (1)清单工程量。

消火栓镀锌钢管长度为 3 m(图中 A 点到 B 点)。

清单工程量计算见表 2-20。

表 2-20 清单工程量计算表

项目编码	项目名称	项目特征描述	计量单位	工程量
030701003001	消火栓镀锌钢管	DN200	m	3.00

(2)定额工程量。

此消火栓镀锌钢管的管径为 200 mm,定额编号 7-75,基价 825.97 元;其中人工费288.39元,材料费 250.19 元,机械费 287.39 元。

【例3】 水表是一种计量建筑物或设备用水量的仪表。按叶轮构造不同,分旋翼式(又称叶轮式)和螺翼式两种。其规格可按其公称直径来划分。试计算图 2-14 和图 2-15 工程量并套用定额(不含主材费)。

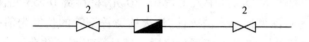

图 2-14 水表示意图

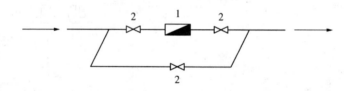

图 2-15 水表示意图

【解】 (1)清单工程量。

①图 2-14 所示水表为 1 组。

②图 2-15 所示水表为 1 组。

清单工程量计算见表 2-21。

表 2-21 清单工程量计算表

序号	项目编码	项目名称	项目特征描述	计量单位	工程量
1	030701009001	水表	螺纹水表 DN20	组	1
2	030701009002	水表	法兰水表 DN50	组	1

(2)定额工程量。

①图 2-14 所示水表选用定额 8-358(螺纹水表 DN20),基价 23.19 元,其中人工费 9.29 元,材料费 13.90 元。

②图 2-15 所示水表选用定额 8-367(法兰水表 DN50),基价 1 256.50 元,其中人工费 66.41元,材料费 1 137.14 元,机械费 52.95 元。

【例4】 图 2-16 所示为一消防系统局部图,其中标号 8 所示为消防水箱,其容量为 22.5 m^3,试计算其工程量。

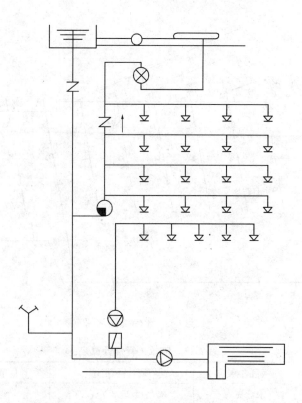

图 2-16 消防水箱局部图

【解】 (1)清单工程量。

消防水箱为 1 台(如图 2-16 所示)。

清单工程量计算见表 2-22。

表 2-22 清单工程量计算表

项目编码	项目名称	项目特征描述	计量单位	工程量
030701010001	消防水箱制作安装	容量22.5 m³	台	1

(2)定额工程量。

矩形水箱22.5 m³,按定额 8-555 计算,基价 178.17 元,其中人工费 128.17 元,材料费 3.91元,机械费 46.09 元。

【例5】 图 2-17 为水喷淋局部图,图中所用的水喷头为 $\phi15$、玻璃头、有吊顶的水喷头。试计算工程量并套用定额(不含主材费)。

【解】 (1)清单工程量。

水喷头,有吊顶,玻璃头,$\phi15$,共91 个(如图 2-17 中所示总数)。

清单工程量计算见表 2-23。

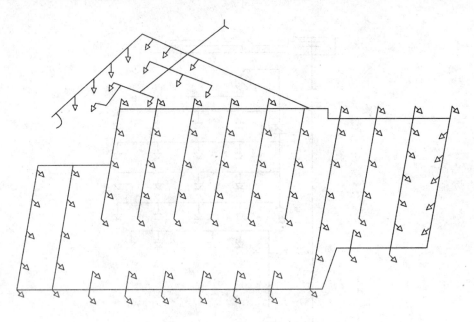

图 2-17　水喷淋局部图

表 2-23　清单工程量计算表

项目编码	项目名称	项目特征描述	计量单位	工程量
030701011001	水喷头	有吊顶,玻璃头,φ15	个	91

(2)定额工程量。

有吊顶,玻璃头,φ15 的水喷头采用定额 7-77 计算,基价 86.00 元,其中人工费 45.05 元,材料费 33.39 元,机械费 7.56 元。

【例6】 消火栓分为室内消火栓和室外消火栓。消火栓直径应根据水的流量确定,一般有口径为 50 mm 与 65 mm 两种。室外消火栓分为地上消火栓和地下消火栓。室外地上式消火栓有一直径为 150 mm 或 100 mm 和两个直径为 65 mm 的栓口,室外地下式消火栓有直径为 100 mm 和 65 mm 的栓口各一个。计算如图 2-18 所示工程量,并套用定额(不含主材费)。

【解】 (1)清单工程量。

①室内消火栓,单栓,65 mm,30 套(如图 2-18 正方体内)。

②室外地上式消火栓,浅 150 型,1 套(如图 2-18 所示)。

清单工程量计算见表 2-24。

表 2-24　清单工程量计算表

序号	项目编码	项目名称	项目特征描述	计量单位	工程量
1	030701018001	消火栓	室内,单栓,直径 65 mm	套	30
2	030701018002	消火栓	室外地上式,浅 150 型	套	1

(2)定额工程量。

①室内消火栓,单栓,65 mm 采用定额 7-105 计算,基价 31.47 元,其中人工费 21.83 元,材

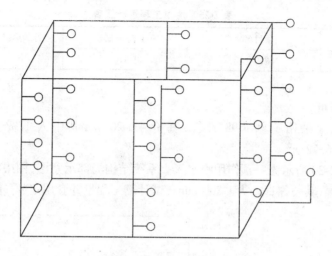

图 2-18 消火栓示意图

料费 8.97 元,机械费 0.67 元。

②室外地上式消火栓,浅 150 型采用定额 7-115 计算,基价 32.95 元,其中人工费 28.10 元,材料费 4.85 元。

【例 7】 图 2-19 所示为某大厦消防及喷淋系统安装工程前三层消防系统图。因建筑物层数较多,高低层消火栓所受水压不一样,上部消火栓口水压满足消防灭水需要时,则下部消火栓的压力过大,消火栓的出流量也将超过规定的流量,因此当低层消火栓使用时,贮存于水箱中的 10 min 消防水量,不到 10 min 就被用完。为使消火栓的实际出水量接近设计出水量,在该楼 1~3 层部分消火栓口前设减压节流孔板,调压孔板规格按尺寸提供厂家配制订货,采用 DN70 减压孔板。试计算工程量并套用定额(不含主材费)。

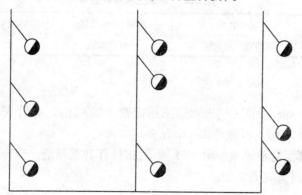

图 2-19 某大厦消防及喷淋系统安装工程前三层消防系统图

【解】 (1)清单工程量。

减压孔板

3×3 = 9 个(前三层每个消火栓前面一个)

清单工程量计算见表 2-25。

表 2-25 清单工程量计算表

项目编码	项目名称	项目特征描述	计量单位	工程量
030701015001	减压孔板	DN70	个	9

(2)定额工程量。

DN70减压孔板采用定额 7-98 计算,基价 41.20 元,其中人工费 10.68 元,材料费 23.80 元,机械费 6.72 元。

【例8】 图 2-20 所示为一预作用喷水灭火系统结构局部示意图,图中①所标记的位置是一隔膜式气压水罐,其公称直径为 1 200 mm。试计算工程量并套用定额(不含主材费)。

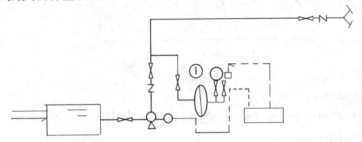

图 2-20 预作用喷水灭火系统结构局部示意图

【解】 (1)清单工程量。

隔膜式气压水罐 1 台。

清单工程量计算见表 2-26。

表 2-26 清单工程量计算表

项目编码	项目名称	项目特征描述	计量单位	工程量
030701020001	隔膜式气压水罐	DN1200	台	1

(2)定额工程量。

公称直径 1 200 mm 隔膜式气压水罐采用定额 7-129 计算,基价 337.14 元,其中人工费 232.20 元,材料费 26.63 元,机械费 78.31 元。

【例9】 某水幕消防系统图如图 2-21 所示,试计算其工程量。

【解】 工程量计算见表 2-27。

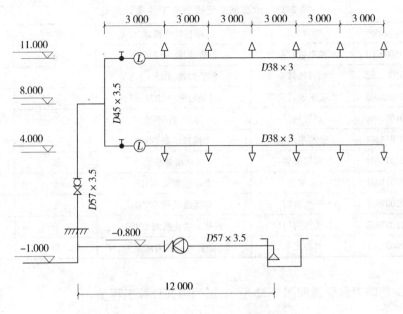

图 2-21 水幕消防系统图

表 2-27 水幕消防管道安装工程量计算表

序号	项目名称	单位	工程量	计算式
1	钢管焊接 $D57 \times 3.5$	10 m	2.08	$12 + 0.8 + 8$
2	钢管焊接 $D45 \times 3.5$	10 m	0.7	$11.0 - 4.0$
3	自动喷淋管 $D38 \times 3$	10 m	3.6×1.3	$3 \times 6 \times 2/10 \times 1.3$
4	自动喷淋头 DN15	个	12	
5	水流指示器 DN40	个	2	
6	湿式喷淋自动报警阀 $D65$	套	1	
7	螺纹阀 DN40	个	2	
8	焊接法兰阀 DN50	个	1	
9	焊接法兰止回阀 DN50	个	1	
10	消防离心式清水泵	台	1	
11	钢管除锈	10 m²	0.900	$3.14 \times 0.057 \times 20.8 + 3.14 \times 0.045 \times 7 + 3.14 \times 0.038 \times 36$
12	钢管刷防锈底漆	10 m²	0.900	$3.14 \times 0.057 \times 20.8 + 3.14 \times 0.045 \times 7 + 3.14 \times 0.038 \times 36$
13	钢管刷防火漆	10 m²	0.900	$3.14 \times 0.057 \times 20.8 + 3.14 \times 0.045 \times 7 + 3.14 \times 0.038 \times 36$
14	管道冲洗	100 m	0.638	$2.08 + 0.7 + 3.6/10$
15	脚手架搭拆费	元		
16	管道沟土方	m³		

清单工程量计算见表 2-28。

表2-28 水幕消防管道清单工程量计算表

序号	项目编码	项目名称	项目特征描述	计量单位	工程量
1	030701001001	水喷淋镀锌钢管	钢管焊接,$D57 \times 3.5$	m	20.8
2	030701001002	水喷淋镀锌钢管	钢管焊接,$D45 \times 3.5$	m	7
3	030701001003	水喷淋镀锌钢管	自动喷淋管,$D38 \times 3$	m	46.8
4	030701005001	螺纹阀门	螺纹阀,DN40	个	2
5	030701014001	水流指示器	水流指示器 DN40	个	2
6	030701012001	报警装置	湿式报警装置	组	1
7	030701011001	水喷头	自动喷淋头 DN15	个	12
8	030701007001	法兰阀门	焊接法兰阀 DN50	个	1
9	030701007002	法兰阀门	焊接法兰止回阀 DN50	个	1
10	030109001001	离心式泵	消防离心式清水泵	台	1

【例10】 消防喷淋管道如图2-22所示,试列项并计算工程量。

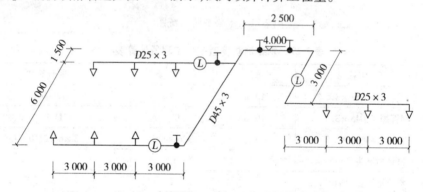

图2-22 消防喷淋管道系统图

【解】 消防喷淋管道安装工程量计算见表2-29。

表2-29 消防喷淋管道安装工程量计算表

编号	项目名称	单位	工程量	计算式
1	无缝钢管焊接 $D45 \times 3$	10 m	1.3	$6.0 + 1.5 + 2.3 + 3$
2	自动喷淋管 $D25 \times 3$	10 m	2.7×1.3	$3.0 \times 3 \times 3 \times 1.3/10$
3	自动喷淋头 DN15	个	9	
4	马鞍形水流指示器 DN50	个	3	
5	螺纹阀 DN25	个		
6	螺纹阀 DN50	个	1	
7	钢管除锈	10 m²	0.396	$3.14 \times 0.045 \times 13 + 3.14 \times 0.025 \times 27$
8	钢管刷防锈底漆	10 m²	0.396	$3.14 \times 0.045 \times 13 + 3.14 \times 0.025 \times 27$
9	钢管刷防火漆	10 m²	0.396	$3.14 \times 0.045 \times 13 + 3.14 \times 0.025 \times 27$

(续)

编号	项目名称	单位	工程量	计算式
10	管道冲洗	100 m	0.40	1.3+2.7/10
11	脚手架搭拆费	元		

清单工程量计算见表 2-30。

表 2-30 消防喷淋管道清单工程量计算表

序号	项目编码	项目名称	项目特征描述	计量单位	工程量	计算式
1	030701002001	水喷淋镀锌无缝钢管	无缝钢管焊接,$D45 \times 3$	m	13	13
2	030701001001	水喷淋镀锌钢管	自动喷淋管,$D25 \times 3$	m	35.1	27×1.3
3	030701011001	水喷头	自动喷淋头,DN15	个	9	9
4	030701014001	水流指示器	马鞍形,DN50	个	3	3
5	030701005001	螺纹阀门	螺纹阀,DN25	个	3	3
6	030701005002	螺纹阀门	螺纹阀,DN50	个	3	3

【例 11】 某油罐区装置需较大消防用水量,要建一座消防水站。其中建造 2 座 5 000 m³ 的钢罐,作消防贮水之用。由厂供水管供水,进入 5 000 m³ 钢水罐,再经消防水泵加压后送入消防管网,并保持罐区淋喷头处压力为 0.45 MPa。图 2-23 所示为消防泵房设备平面图,图 2-24 所示为两座钢水罐消防管路,图 2-25 所示为消防罐区喷淋示意图。试填写相关工程量表格。

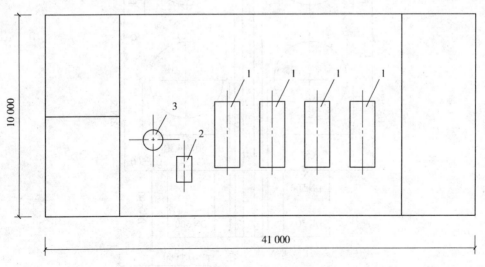

图 2-23 消防泵房设备平面图
1—消防水泵 2—补水泵 3—稳压罐($\phi 1 400 \times 2 300$)

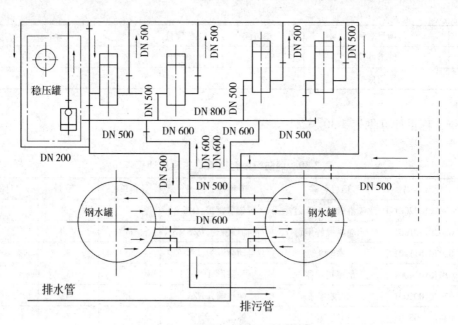

图 2-24　两座钢水罐消防管路图

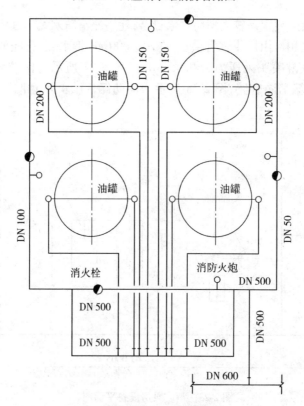

图 2-25　消防罐区喷淋管路图

【解】　编制要求：计算定额直接费。

套用定额：2000年发布的《全国统一安装工程预算定额》第七册《消防及安全防范设备安装工程》、第六册《工业管道工程》、第一册《机械设备安装工程》。

工程量计算见表2-31。

表2-31 消防设施工程量计算表

项目名称	工程量计算	单位	数量	项目名称	工程量计算	单位	数量
螺旋缝焊接钢管 DN630×7	150	m	150	蝶阀 DN500	9个	个	9
螺旋缝焊接钢管 DN529×7	170	m	170	蝶阀 DN800	1个	个	1
螺旋缝焊接钢管 DN820×10	25	m	25	蝶阀 DN200	7个	个	7
螺旋缝焊接钢管 DN219×7	50	m	50	蝶阀 DN250	1个	个	1
螺旋缝焊接钢管 DN150×4.5	800	m	800	雨淋阀 DN150	8个	个	8
消火栓	4个	个	4	闸阀 DN150	8个	个	8
消防水炮	4个	个	4	消防加压泵	4台,单台质量1.5 t,电机4台(400 kW)	台	4
闸阀 DN500	6个	个	6	补水泵	1台,单台质量0.5 t	台	1
蝶阀 DN600	8个	个	8	稳压罐	$\phi1\,400×2\,300$,容器$10\,m^3$	台	1

消防设施施工图预算见表2-32。

表2-32 消防设施施工图预算表

定额编号	分部分项工程名称	定额单位	工程量	基价/元	合价/元	其中 人工费/元 单价	人工费/元 金额	材料费/元 单价	材料费/元 金额	机械费/元 单价	机械费/元 金额
6-68	螺旋缝焊接钢管 DN600	10 m	15	345.62	5 184.30	117.63	1 764.4	40.94	614.10	187.05	2 805.75
6-67	螺旋缝焊接钢管 DN500	10 m	17	289.13	4 915.21	97.50	1 657.50	35.47	602.99	156.16	2 654.72
6-70	螺旋缝焊接钢管 DN800	10 m	2.5	471.85	1 179.62	158.01	395.02	69.46	173.65	244.38	610.95
6-61	螺旋缝焊接钢管 DN200	10 m	5.0	125.42	627.10	34.76	173.80	12.45	62.25	78.21	391.05
6-53	钢管焊接 DN150	10 m	80.0	123.11	9 848.80	37.76	3 020.80	11.69	935.20	73.66	5 892.80
7-117	消火栓安装	个	4	32.95	131.80	28.10	112.40	4.85	19.40		
7-115	消防水炮	个	4	32.95	131.80	28.10	112.40	4.85	19.40		
7-130	稳压罐 $\phi1\,400$	台	1	366.48		255.42		29.37		81.39	
1-805	消防加压泵单台质量1.5 t	台	4	705.83	2 823.32	402.87	1 611.48	252.16	1 008.64	50.80	203.20
1-922	泵拆检	台	4	642.62	2 570.48	559.60	2 238.40	83.02	332.8		
1-814	补水泵 0.5 t	台	1	331.52		181.12		133.47		16.93	
1-920	泵拆检	台	1	174.71		148.61		26.10			
1-1410	地脚螺栓孔灌浆	m^3	1	481.88		243.81	243.81	238.07	238.07		
1-1419	二次灌浆	m^3	2	421.72	843.44	119.35	238.70	302.37	604.74		
	机具摊销费	t	6.5	12.0	78.00						78
	脚手架搭拆费	元	480.22	5%	24.01		6.0		18.01		
	总 计				29 712.47		12 159.91		4 817.47		79

注:1.项目内未计主材费;
2.单价在实际计算时可按当地现行单价调整。

清单工程量计算见表 2-33。

表 2-33 清单工程量计算表

序号	项目编码	项目名称	项目特征描述	计量单位	工程量
1	030701001001	水喷淋镀锌钢管	螺旋缝焊接钢管,DN630×7	m	150
2	030701001002	水喷淋镀锌钢管	螺旋缝焊接钢管,DN529×7	m	170
3	030701001003	水喷淋镀锌钢管	螺旋缝焊接钢管,DN820×10	m	25
4	030701001004	水喷淋镀锌钢管	螺旋缝焊接钢管,DN219×7	m	50
5	030701001005	水喷淋镀锌钢管	螺旋缝焊接钢管,DN150×4.5	m	800
6	030701018001	消火栓	消火栓	个	4
7	030701007001	法兰阀门	闸阀,DN500	个	6
8	030701007002	法兰阀门	闸阀,DN150	个	8
9	030701007003	法兰阀门	蝶阀,DN600	个	8
10	030701007004	法兰阀门	蝶阀,DN500	个	9
11	030701007005	法兰阀门	蝶阀,DN800	个	1
12	030701007006	法兰阀门	蝶阀,DN200	个	7
13	030701007007	法兰阀门	蝶阀,DN250	个	1
14	030701007008	法兰阀门	雨淋阀,DN150	个	8

【例 12】 图 2-26 所示为某大楼自动喷淋灭火系统图。自动喷淋喷头规格为 DN15。试计算工程量并套用定额与清单。

【解】 (1) 自动喷淋工程量。

①钢管焊接 $\phi 57 \times 3.5$。

$9 + 5 \times 2 + 1 + 10 + (12 + 1.0) = 43$ m

②钢管焊接 $\phi 45 \times 3.5$。

$3 \times 2 = 6$ m

③自动喷淋管 $\phi 38 \times 3$。

$3 \times 7 \times 2 + 3 \times 3 \times 2 = 60$ m

④螺纹阀 DN40。

由图 2-26 可知,螺纹阀 DN40 共 4 个。

⑤焊接法兰阀 DN50 2 个。

⑥焊接法兰止回阀 DN50 1 个。

⑦消防水箱制作安装 1 台。

⑧水喷头 DN15。

$6 \times 2 + 3 \times 2 = 18$ 个

⑨湿式喷淋自动报警阀 DN65 1 套。

⑩水流指示器 5 个。

⑪末端试水装置 4 组。

⑫消防水泵接合器 1 套。

⑬自动报警系统装置调试 1 系统。

⑭水灭火系统控制装置调试 1 系统。

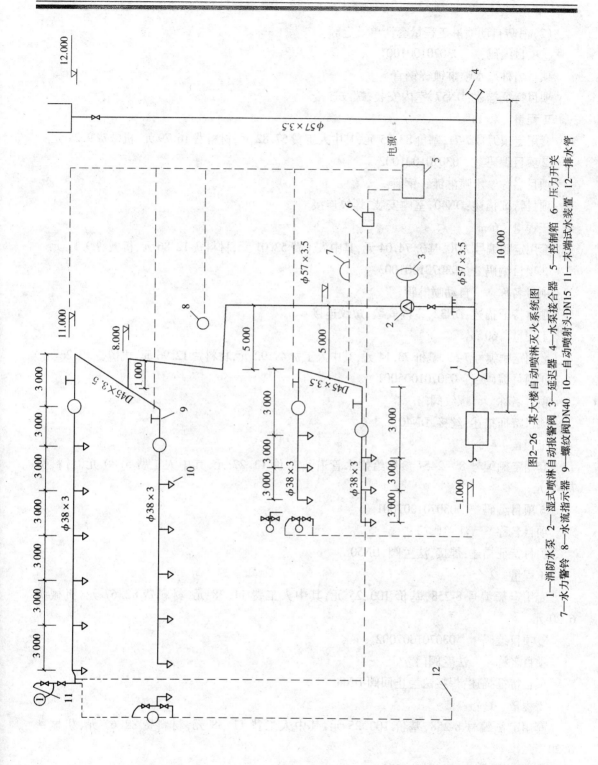

图2-26 某大楼自动喷淋灭火系统图

1—消防水泵 2—湿式喷淋自动报警阀 3—延迟器 4—水泵接合器 5—控制箱 6—压力开关 7—水力警铃 8—水流指示器 9—螺纹阀DN40 10—自动喷射头DN15 11—末端试水装置 12—排水管

(2)消防自动喷淋工程量套清单及定额。

①项目编码　　030701001001

项目名称　　水喷淋镀锌钢管

项目特征描述:DN57,室内安装,螺纹连接

工程量　43 m

套用定额编号7-71,基价83.85元,其中人工费57.82元,材料费16.79元,机械费9.24元。

②项目编码　　030701001002

项目名称　　水喷淋镀锌钢管

项目特征描述:DN40,室内安装,螺纹连接

工程量　6 m

套用定额编号7-70,基价74.04元,其中人工费52.01元,材料费12.86元,机械费9.17元。

③项目编码　　030701001003

项目名称　　自动喷淋管

项目特征描述:DN32,室内安装,螺纹连接

工程量　60 m

套用定额编号7-69,基价73.14元,其中人工费49.92元,材料费12.96元,机械费10.26元。

④项目编码　　030701005001

项目名称　　螺纹阀门

项目特征描述:丝接,DN40

工程量　4个

套用定额编号8－245(参见给排水管道),基价13.22元,其中人工费5.80元,材料费7.42元。

⑤项目编码　　030701007001

项目名称　　法兰阀门

项目特征描述:焊接,法兰阀,DN50

工程量　2个

套用定额编号8-258,基价100.25元,其中人工费11.38元,材料费82.67元,机械费6.20元。

⑥项目编码　　030701007002

项目名称　　法兰阀门

项目特征描述:焊接法兰止回阀DN50

工程量　1个

套用定额编号8-258,基价100.25元,其中人工费11.38元,材料费82.67元,机械费6.20元。

⑦项目编码　　030701010001

项目名称　　消防水箱制作安装

项目特征描述:1 000 kg,矩形水箱

工程量　1台

套用定额编号 8-539,基价 461.79 元,其中人工费 46.21 元,材料费 393.88 元,机械费 21.70 元。

⑧项目编码　　030701011001

项目名称　　水喷头

项目特征描述:玻璃球制作,有吊顶,DN15

工程量　18 个

套用定额编号 7-77,基价 86.00 元,其中人工费 45.05 元,材料费 33.39 元,机械费 7.56 元。

⑨项目编码　　030701012001

项目名称　　湿式喷淋自动报警阀

项目特征描述:DN65

工程量　1 组

套用定额编号 7-78,基价 387.78 元,其中人工费 94.51 元,材料费 268.06 元,机械费 25.21 元。

⑩项目编码　　030701014001

项目名称　　水流指示器

项目特征描述:螺纹连接,公称直径 50 mm 以内

工程量　5 个

套用定额编号 7-88,基价 39.92 元,其中人工费 20.67 元,材料费 17.49,机械费 1.76 元。

⑪项目编码　　030701016001

项目名称　　末端试水装置

项目特征描述:公称直径 32 mm 以内

工程量　4 组

套用定额编号 7-103,基价 89.04 元,其中人工费 38.31 元,材料费 47.75 元,机械费 2.98 元。

⑫项目编码　　030701019001

项目名称　　消防水泵接合器

项目特征描述:地上式 150

工程量　1 套

套用定额编号 7-124,基价 242.87 元,其中人工费 56.42 元,材料费 178.62 元,机械费 7.83 元。

⑬项目编码　　030706001001

项目名称　　自动报警系统装置调试

项目特征描述:128 点以下

工程量　1 系统

套用定额编号 7-195,基价 3 782.89 元,其中人工费 2 480.82 元,材料费 243.24 元,机械费 1 058.83 元。

⑭项目编码　030706002001
项目名称　　水灭火系统控制装置调试
项目特征描述:200点以下
工程量　1系统
套用定额编号7-200,基价2 717.18元,其中人工费2 223.55元,材料费92.24元,机械费401.39元。
清单工程量计算见表2-34。

表2-34　清单工程量计算表

序号	项目编码	项目名称	项目特征描述	计量单位	工程量
1	030701001001	水喷淋镀锌钢管	DN57,室内安装,螺纹连接	m	43
2	030701001002	水喷淋镀锌钢管	DN45,室内安装,螺纹连接	m	6
3	030701001003	水喷淋镀锌钢管	DN38,室内安装,螺纹连接	m	60
4	030701005001	螺纹阀门	丝接,DN40	个	4
5	030701007001	法兰阀门	焊接,法兰阀,DN50	个	2
6	030701007002	法兰阀门	焊接,法兰止回阀,DN50	个	1
7	030701010001	消防水箱制作安装	1 000 kg,矩形水箱	台	1
8	030701011001	水喷头	玻璃球制作,有吊顶,DN15	个	18
9	030701012001	湿式喷淋自动报警阀	DN65	组	1
10	030701014001	水流指示器	螺纹连接,公称直径50 mm以内	个	5
11	030701016001	末端试水装置	公称直径32 mm以内	组	4
12	030701019001	消防水泵接合器	地上式150	套	1
13	030706001001	自动报警系统装置调试	128点以下	系统	1
14	030706002001	水灭火系统控制装置调试	200点以下	系统	1

定额工程量计算见表2-35。

表2-35　定额工程量计算表

序号	定额编号	分部分项工程名称	定额单位	工程量	人工费/元	材料费/元	机械费/元
1	7-71	水喷淋镀锌钢管(螺纹连接),DN57	10 m	4.3	57.82	16.79	9.24
2	7-70	水喷淋镀锌钢管(螺纹连接),DN45	10 m	0.6	32.01	12.86	9.17
3	7-69	自动喷淋管(螺纹连接),DN38	10 m	6	49.92	12.96	10.26
4	8-245	螺纹法门,丝接,DN40	个	4	5.80	7.42	—
5	8-258	法兰阀门,焊接,DN50	个	2	11.38	82.67	6.20
6	8-258	法兰止回阀,焊接,DN50	个	1	11.38	82.67	6.20
7	8-539	消防水箱制作安装,1 000 kg	台	1	46.21	393.88	23.61

（续）

序号	定额编号	分部分项工程名称	定额单位	工程量	人工费/元	材料费/元	机械费/元
8	7-77	水喷头安装,有吊顶,DN15	10个	1.8	45.05	33.39	7.56
9	7-78	湿式喷淋自动报警阀	组	1	94.51	268.06	25.21
10	7-88	水流指示器安装	个	5	20.67	17.49	1.76
11	7-103	末端试水装置安装	组	4	38.31	47.75	2.98
12	7-124	消防水泵接合器安装	套	1	56.42	178.62	7.83
13	7-195	自动报警系统装置调试	系统	1	2 480.82	243.24	1058.83
14	7-200	水灭火系统控制装置调试	系统	1	2 223.55	92.24	401.39

第三章 气体灭火系统工程

第一节 气体灭火系统工程造价简述

气体灭火系统是指卤代烷 1211、1301 灭火系统和二氧化碳灭火系统,包括的项目有管道安装、系统组件安装(喷头、选择阀、贮存装置)、二氧化碳称重检验装置安装,并按材质、规格、连接方式、除锈要求、油漆种类、压力试验和吹扫等不同特征设置清单项目。编制工程量清单时,必须明确各种特征,以便计价。

卤代烷是以卤素原子取代烷烃类化合物分子中部分或全部氢原子后所生成的一类有机化合物的总称。

卤代烷 1211 和 1301 灭火系统具有一些显著的特点。这些特点与卤代烷灭火剂本身的物理和化学性能有关。就灭火剂本身而言,它具有灭火效率高、灭火速度快、灭火后不留痕迹(水渍)、电绝缘性好、腐蚀性极小、便于贮存且久贮不变质等优点,是一种性能优良的灭火剂,是目前对一些特定的重要场所进行保护的首选灭火剂之一。但卤代烷灭火剂也有明显的不足:一是有毒性,在使用中要引起足够重视,要符合系统的安全要求设计;二是灭火剂本身价格高,使其应用受到限制。

卤代烷灭火剂对有些物质和场所的灭火效果是十分理想的,卤代烷 1211、1301 灭火系统可用于扑救下列火灾。

(1)可燃气体火灾,如煤气、甲烷、乙烯等的火灾。

(2)甲、乙、丙类液体火灾,如甲醇、乙醇、丙酮、苯、煤油、汽油、柴油等的火灾。

(3)可燃固体的表面火灾,如木材、纸张等的表面火灾。对固体深位火灾具有一定控火能力。

(4)电气设备和电气线路火灾,如电子设备、交配电设备、发电机组、电缆等带电设备及电气线路的火灾。

(5)热塑性塑料火灾。

卤代烷 1211 灭火系统与卤代烷 1301 灭火系统适用范围基本相同,唯一不同的是卤代烷 1301 灭火系统可适用于有人操作或活动的场所,而卤代烷 1211 灭火系统只适用于无人操作或活动的场所。

二氧化碳气体是人们早已熟悉的一种灭火剂,常温、常压下它是一种无色、无味、不导电的气体,不具腐蚀性。二氧化碳灭火原理主要是对可燃物质的燃烧窒息作用,并有少量的冷却降温作用。当二氧化碳释放到起火空间,由于起火空间中的含氧量降低,使燃烧区因缺氧而使火焰熄灭,其灭火系统有如下特点。

(1)二氧化碳灭火主要是窒息作用,冷却为次要作用。

(2)二氧化碳来源广泛,价格低廉(仅为卤代烷 1211 的 1/50)。

(3)二氧化碳不导电,绝缘性能好,适用于电气设备灭火。
(4)二氧化碳气体稳定,灭火后不污染仪器设备等物。
(5)长期存放不变质,且在高温地区和低温地区均可使用。
(6)二氧化碳气体比空气重,所以从容器释放出来的二氧化碳气体将往下沉积。
(7)二氧化碳灭火设计浓度比卤代烷大,如同一电子计算机房,当采用卤代烷灭火系统时,设计浓厚为5%,在10 s以内就能灭火。当采用二氧化碳灭火系统时,设计浓度为34%,并要在60s才能灭火,这样势必使二氧化碳灭火剂储器数量要增加倍数,增加储器占地面积。
(8)二氧化碳灭火所需的浓度对人类有害,在密闭条件下使用时要特别注意安全,迄今为止,我国尚未发生卤代烷喷射造成伤亡的事故,而二氧化碳灭火系统因误喷或使用不当造成的伤残死亡事故,曾发生数起。

二氧化碳可用来扑救的火灾有:
(1)气体火灾;
(2)电气火灾;
(3)液体或可熔化固体(如石蜡、沥青);
(4)固体表面火灾及部分固体的深位火灾(如棉花、纸张)。
而对于含氧化剂的化学品、活泼金属、金属氧化物等不能用二氧化碳进行扑救。

第二节 重要名词及相关数据公式精选

一、重要名词精选

1. 二氧化碳钢瓶
二氧化碳钢瓶是由无缝钢管制成的高压容器,其上装有容器阀。

2. 搣弯
在管道安装中,遇到管线交叉或某些障碍时,需要改变管线走向,应采用各种角度的弯管来解决,使管道弯曲的方法有冷搣弯和热搣弯。

3. 灭火剂贮存容器
灭火剂贮存容器简称贮瓶,是盛装1211灭火剂的容器。

4. 单向阀
单向阀是一种只允许管路中的1211灭火剂(液态)和动力气体向一个方向流动的阀门。

5. 安全阀
安全阀是一种安全泄压装置。由铜合金等材料制成,主要由泄压膜片座、压紧螺块及膜片构成。

6. 选择阀
选择阀主要用于一个二氧化碳源供给两个以上保护区域的装置上,其作用是选择释放二氧化碳的方向,以实现选定方向的快速灭火。选择阀如图3-1、图3-2所示。

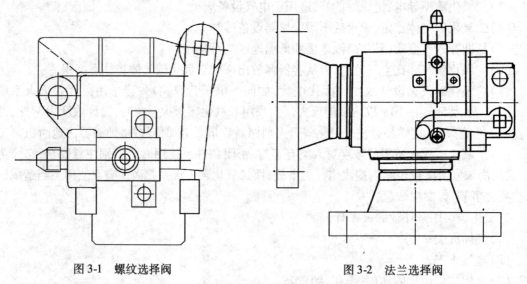

图 3-1　螺纹选择阀　　　　　　　　图 3-2　法兰选择阀

7. 气动驱动装置

气动驱动装置由气动容器、气动容器的容器阀及操纵管组成,其作用是启动容器中的高压二氧化碳,开启灭火剂容器的容器阀。气体驱动装置如图3-3所示。

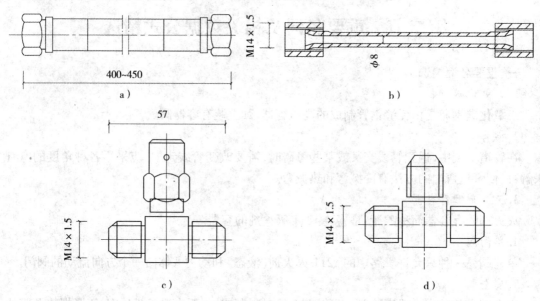

图 3-3　气动驱动装置
a)气动连接管　b)中间连接管　c)低压泄漏阀　d)三通管接头

8. 管路

管路是二氧化碳的运送路径,是连接钢瓶和喷头的通道。

9. 氮气固定灭火系统

氮气固定灭火系统指排油—注氮搅拌式变压器灭火装置。一旦变压器由于短路、过热等原因发生起火,一方面大量注入氮气,使不断翻滚,将着火油层的热油翻滚到底下、降低着火温度;另一方面将油放走,排入事故油槽或罐内,达到灭火的目的。

第三章 气体灭火系统工程

10. 二氧化碳喷嘴

二氧化碳喷嘴按其构造可分为膜片、螺塞、平肩接头、本体等,其作用是使二氧化碳形成喷雾,向火灾方向喷射。

11. 灭火浓度

灭火浓度指在 101.325 kPa 大气压和规定的温度条件下,扑灭某种可燃物质火灾所需灭火剂在空气中的最小体积百分比。

12. 惰化浓度

惰化浓度指在 101.325 kPa 大气压和规定的温度条件下,不管可燃气体或蒸汽与空气处在何种配比下,均能抑制燃烧或爆炸所需灭火剂在空气中的最小体积百分比。

13. 排放软管组

排放软管组是连接容器阀与集流管的重要部件。

14. 气路止回阀

气路止回阀由阀体、弹簧、定心座、钢球等组成,主要用于组合分配系统中,启动气体管路的控制上。

二、重要数据精选

气体灭火系统重要数据见表 3-1 ~ 表 3-8。

表 3-1 MT340 手动报警按钮性能表

工作电压/V	16 ~ 28	调整型
工作电流/μA	≤150	
工作温度/℃	-25 ~ +60	
贮存温度/℃	-30 ~ +75	
工作湿度	≤100%(40±2℃)	相对湿度
抗电磁干扰/(V/m)	50	1 MHz ~ 1 GHz
端子连线的截面积/mm^2	0.2 ~ 1.5	

表 3-2 MT350 消火栓手动报警按钮性能表(替代原 MT340S)

工作电压/V	16 ~ 28	调整型
工作电流/μA	≤150	
设备启动回答灯电流及电压/mA、V	10,DC24	
工作温度/℃	-25 ~ +70	
贮存温度/℃	-30 ~ +75	
工作湿度	≤100%(40±2℃)	相对湿度
抗电磁干扰/(V/m)	50	1MHz ~ 1GHz
端子连线的截面积/mm^2	0.2 ~ 1.5	

表 3-3 MT300/MT310 非编址手动报警按钮性能表

工作温度/℃	−25 ~ +60	
贮存温度/℃	−30 ~ +75	
工作湿度	≤100%	相对湿度
端子连线的截面积/mm²	0.2 ~ 1.5	

表 3-4 ZSS 型湿式阀装置尺寸

型号	公称直径 DN	高度 A	D_1	D_2	D_3	$n \times \phi d$	最大工作压力/MPa
ZSS100	100	900	155	180	215	$8 \times \phi 18$	
ZSS150	150	986	210	240	280	$8 \times \phi 23$	1.2
ZSS200	200	1 070	265	295	335	$12 \times \phi 23$	

表 3-5 ZS-1 系列湿式报警装置规格尺寸   mm

规格	A	B	C	D	E	F	H	H_1	H_2	d	d_1	d_2	Z
DN100	550	350	750	250	642	215	850	510	280	$\phi 180$	$\phi 18$	$\phi 18$	8 孔
DN150	550	370	750	250	754	280	1 370	610	510	$\phi 240$	$\phi 23$	$\phi 23$	8 孔

表 3-6 ZSFZX 型湿式报警阀规格及技术性能

系统代号	工作压力范围/MPa	进出口水管公称通径/mm	法兰外径 D/mm	螺栓孔中心圆直径 D_1/mm	螺栓	外表尺寸(宽/mm × 长/mm)	质量 N/kg
ZSFZX80		80	200	160	M16	255 × 830	
ZSFZX100	≥0.14 ~ 1.2	100	200	180	M16	260 × 830	8
ZSFZX150		150	285	240	M20	370 × 1 900	8

表 3-7 CO_2 高压系统容器规格及最大充装量

贮存容器容积(L)	32	40	45	50	82.5
最大充装量(kg)	20	25	28	31	55

表 3-8 CO_2 对某些可燃物的窒息浓度

可燃物名称	窒息浓厚/%	可燃物名称	窒息浓厚/%
氢	62	乙醇	36
一氧化碳	53	丁二烯	34
二硫化碳	55	乙烷	33
乙炔	55	苯	31
乙烯	41	天然气、煤气	31
环氧乙烷	44	环丙烷	31

(续)

可燃物名称	窒息浓厚/%	可燃物名称	窒息浓厚/%
异丁烷	30	煤油	28
乙醚	38	汽油	28
丙烷	30	淬火油、润滑油	28
丙烯	30	丙酮	26
己烷	29	甲醇	26
戊烷	29	甲烷	25
丁烷	28	二氯乙烯	21

三、重要公式精选

1. 二氧化碳设计用量

$$M = K_b(0.2A + 0.7V)$$

$$K_b = \frac{L_n(1-C)}{L_n(1-0.34)}$$

$$A = A_v + 30A_0$$

$$V = V_v - V_g$$

式中 M——二氧化碳设计用量(kg);

K_b——二氧化碳设计浓度与二氧化碳基本浓度之间的换算系数(亦称物质系数),也可直接查表得其值;

C——二氧化碳设计浓度(体积分数);

A——折算面积(m^2);

A_v——防护区的内侧面、底面、顶面(包括其中的开口)的总面积(m^2);

A_0——开口的总面积(m^2);

V——防护区的净容积(m^3);

V_v——防护区容积(m^2);

V_g——防护区内非燃烧体和难燃体的总体积(m^3);

0.2——二氧化碳设计用量面积系数(kg/m^2);

0.7——二氧化碳设计用量体积系数(kg/m^3);

0.34——最小设计浓度(体积分数);

30——开口面积的补偿系数。

2. 二氧化碳灭火剂的充装率

二氧化碳灭火剂的充装率一般为0.6~0.67,不得大于0.67。充装率计算公式如下:

$$r = \frac{M'}{V_0}$$

式中 r——二氧化碳充装率(kg/L);

M'——灭火剂贮存量(kg);

V_0——单个贮存容器的容积(L)。

3. 二氧化碳贮存容器数量

二氧化碳贮存容器数量按下式计算（初步估算）：

$$n_p = \frac{1.1M'}{r_0 V_0}$$

式中　n_p——贮存容器数量（个）；
　　　M'——CO_2 灭火剂贮存用量（kg）；
　　　V_0——单个贮存容器的容积（L）；
　　　r_0——贮存容器中 CO_2 的充装率（kg/L），对于高压储压系统取 $r = 0.6 \sim 0.67$ kg/L。

4. 卤代烷 1211 灭火系统输送灭火剂管道的水压强度试验压力

卤代烷 1211 灭火系统输送灭火剂管道的水压强度试验压力用下式计算：

$$p_{1211} = 1.5 p_0 v_0 / (v_0 + v_p)$$

式中　p_{1211}——水压强度试验压力（绝对压力）（MPa）；
　　　p_0——20℃时卤代烷 1211 灭火剂的贮存压力（绝对压力）（MPa）；
　　　v_0——卤代烷 1211 灭火剂喷射前，贮存容器内的气相容积（m³）；
　　　v_p——管网的内容积（m³）。

5. 卤代烷 1301 灭火系统输送灭火剂管道的水压强度试验压力

卤代烷 1301 灭火系统输送灭火剂管道的水压强度试验压力用下式计算：

$$p_{1301} = 1.5(v_0 p_0 + V_p p_s)/(v_0 + c_p)$$

式中　p_{1301}——水压强度试验压力（绝对压力）（MPa）；
　　　p_s——卤代烷 1301 的饱和蒸汽压，取 1.4 MPa 绝对压力。
　　　p_0——20 ℃时卤代烷 1301 灭火剂的贮存压力（MPa，绝对压力）；
　　　v_0——灭火剂喷射前，贮存容器内的点相体积（m³）；
　　　V_p——灭火剂输送管道的内容积（m³）。

第三节　工程定额及工程规范精汇

一、气体灭火系统工程定额工程量计算规则

(1) 管道安装包括无缝钢管的螺纹连接、法兰连接、气动驱动装置管道安装及钢制管件的螺纹连接。

(2) 各种管道安装按设计管道中心长度以"m"为计量单位，不扣除阀门、管件及各种组件所占长度，主材数量应按定额用量计算。

(3) 钢制管件螺纹连接均按不同规格以"个"为计量单位。

(4) 喷头安装均按不同规格以"个"为计量单位。

(5) 选择阀安装按不同规格和连接方式分别以"个"为计量单位。

(6) 贮存装置安装中包括灭火剂贮存容器和驱动气瓶的安装固定和支框架、系统组件（集流管、容器阀、单向阀、高压软管）、安全阀等贮存装置和阀驱动装置的安装及氮气增压。贮存装置安装按贮存容器和驱动气瓶的规格（L）以"套"为计量单位。

(7) 二氧化碳贮存装置安装时不需增压，执行定额时应扣除高纯氮气，其余不变。

(8) 二氧化碳称重检漏装置包括泄漏报警开关、配重、支架等，以"套"为计量单位。

(9) 系统组件包括选择阀、单向阀（含气、液）及高压软管。试验按水压强度试验和气压严

密性试验,分别以"个"为计量单位。

(10)无缝钢管螺纹连接不包括钢制管件连接内容,其工程量应按设计用量执行钢制管件连接定额。

(11)无缝钢管和钢制管件内外镀锌及场外运输费用另行计算。

二、气体灭火系统工程定额换算

无缝钢管、钢制管件、选择阀安装及系统组件试验均适用于卤代烷1211和1301灭火系统二氧化碳灭火系统,按卤代烷灭火系统相应安装定额乘以系数1.20。

三、气体灭火系统工程清单规范

气体灭火系统工程量清单项目设置及工程量计算规则,应按表3-9的规定执行。

表3-9 气体灭火系统(编码:030702)

项目编码	项目名称	项目特征	计量单位	工程量计算规则	工程内容
030702001	无缝钢管	1.卤代烷灭火系统、二氧化碳灭火系统 2.材质 3.规格 4.连接方式 5.除锈、刷油、防腐及无缝钢管镀锌设计要求 6.压力试验、吹扫设计要求	m	按设计图示管道中心线长度以延长米计算,不扣除阀门、管件及各种组件所占长度	1.管道安装 2.管件安装 3.套管制作、安装(包括防水套管) 4.钢管除锈、刷油、防腐 5.管道压力试验 6.管道系统吹扫 7.无缝钢管镀锌
030702002	不锈钢管				
030702003	铜管				
030702004	气体驱动装置管道				
030702005	选择阀	1.材质 2.规格 3.连接方式	个	按设计图示数量计算	1.安装 2.压力试验
030702006	气体喷头	型号、规格			
030702007	贮存装置	规格	套	按设计图示数量计算(包括灭火剂存储器、驱动气瓶、支框架、集流阀、容器阀、单向阀、高压软管和安全阀等贮存装置和阀驱动装置)	安装
030702008	二氧化碳称重检漏装置			按设计图示数量计算(包括泄漏开关、配重、支架等)	

第四节 工程造价编制注意事项

(1)管道及管件安装定额规定如下。

①无缝钢管和钢制管件内外镀锌及场外运输费用另行计算。

②螺纹连接的不锈钢管、铜管及管件安装时,按无缝钢管和钢制管件安装相应定额乘以系数1.20。

③无缝钢管螺纹连接定额中不包括钢制管件连接内容,应按设计用量执行钢制管件连接定额。

④无缝钢管法兰连接定额,管件是按成品、弯头两端是按接短管焊接法兰考虑的,定额中包括了直管、管件、法兰等全部安装工序内容,但管件、法兰及螺栓的主材数量应按设计规定另行计算。

⑤气动驱动装置管道安装定额中卡套连接件的数量按设计用量另行计算。

(2)喷头安装定额中包括管件安装及配合水压试验安装拆除丝堵的工作内容。

(3)贮存装置安装定额中包括灭火剂贮存容器和驱动气瓶的安装固定支框架、系统组件(集流管、容器阀、气液单向阀、高压软管)、安全阀等贮存装置和阀驱动装置的安装及氮气增压。二氧化碳贮存装置安装时,不须增压,执行定额时,扣除高纯氮气,其余不变。

(4)二氧化碳称重检漏装置包括泄漏报警开关、配重及支架。

(5)系统组件包括选择阀、气液单向阀和高压软管。

第五节　工程量清单编制注意事项

(1)气体灭火系统是指卤代烷(1211、1301)灭火系统和二氧化碳灭火系统。包括的项目有管道安装、系统组件安装(喷头、选择阀、贮存装置)、二氧化碳称重检验装置安装,并按材质、规格、连接方式、除锈要求、油漆种类、压力试验和吹扫等不同特征设置清单项目。编制工程量清单时,必须明确描述各种项目特征,以便计价。

(2)二氧化碳灭火剂贮存装置安装不需用高纯氮气增压,工程量清单综合单价不计氮气价值。

(3)气体灭火系统清单项目特征要求描述的内容:无缝钢管(冷拔、热轧、钢号要求)、不锈钢管(1Cr18Ni9、1Cr18Ni9Ti、Cr18Ni13Mo3Ti)、铜管为纯铜管(T1、T2、T3)、黄铜管(H59~H96),规格为公称直径或外径(外径应按外径乘管厚表示),连接方式是指螺纹连接和焊接,除锈标准是指采用的除锈方式(手工、化学、喷砂),压力试验是指采用试压方法(液压、气压、泄露、真空),吹扫是指水冲洗、空气吹扫、蒸汽吹扫,防腐刷油是指采用的油漆种类。

(4)贮存装置安装应包括灭火剂贮存器及驱动瓶装置两个系统。贮存系统包括灭火气体贮存瓶、贮存瓶固定架、贮存瓶压力指示器、容器阀、单向阀、集流管、集流管与容器阀连接的高压软管、集流管上的安全阀;驱动瓶装置包括驱动气瓶、驱动气瓶支架、驱动气瓶的容器阀、压力指示器等安装,气瓶之间的驱动管道安装应按气体驱动装置管道清单项目列项。

第六节　工程造价实例精讲

【例1】　如图3-4所示某喷淋系统,试列项计算自动喷淋系统工程量及清单工程量。

【解】　工程量计算见表3-10。

第三章 气体灭火系统工程

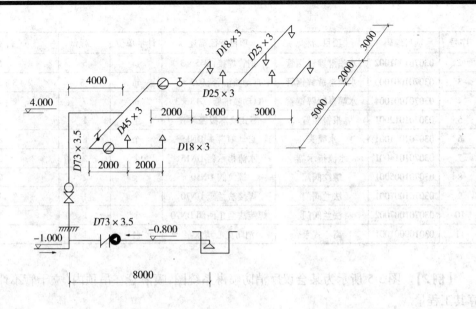

图 3-4 自动喷淋系统图

表 3-10 工程量计算表

序号	工程名称	单位	工程量	计算式
1	钢管焊接 $D73 \times 3.5$	m	16.8	$8+0.8+4+4$
2	钢管焊接 $D45 \times 3$	m	5	5
3	自动喷淋管 $D25 \times 3$	m	15	$2+3+3+2+5$
4	自动喷淋管 $D18 \times 3$	m	7	$2+2+3$
5	湿式喷淋自动报警阀 $D70$	套	1	1
6	水流指示器 DN15	个	2	2
7	自动喷淋头 DN15	个	8	8
8	螺纹阀 DN50	个	2	2
9	焊接法兰阀 DN70	个	1	1
10	焊接法兰止回阀 DN70	个	1	1
11	消防离心清水泵	台	1	1
12	钢管除锈	m²	6.03	6.03
13	钢管刷防锈底漆	m²	6.03	6.03
14	钢管刷防锈漆	m²	6.03	6.03
15	管道冲洗	m	43.8	$16.8+5+15+7$

清单工程量计算见表 3-11。

表 3-11 清单工程量计算表

序号	项目编码	项目名称	项目特征描述	计量单位	工程量	计算式
1	030701001001	水喷淋镀锌钢管	钢管焊接，$D73 \times 3.5$	m	16.8	$8+0.8+4+4$

（续）

序号	项目编码	项目名称	项目特征描述	计量单位	工程量	计算式
2	030701001002	水喷淋镀锌钢管	钢管焊接，$D45\times3$	m	5	5
3	030701001003	水喷淋镀锌钢管	自动喷淋管，$D25\times3$	m	15	2+3+3+2+5
4	030701001004	水喷淋镀锌钢管	自动喷淋管，$D18\times3$	m	7	2+2+3
5	030701012001	报警装置	湿式喷淋报警装置	组	1	1
6	030701011001	水喷头	自动喷淋头 DN15	个	8	8
7	030701014001	水流指示器	水流指示器 DN15	个	2	2
8	030701005001	螺纹阀门	螺纹阀 DN50	个	2	2
9	030701007001	法兰阀门	焊接法兰阀 DN70	个	1	1
10	030701007002	法兰阀门	焊接法兰止回阀 DN70	个	1	1
11	030109001001	离心式泵	消防离心清水泵	台	1	1

【例2】 图3-5所示为某会议厅消防喷淋系统图，喷淋管在吊顶内（立干管不计算），试计算其工程量。

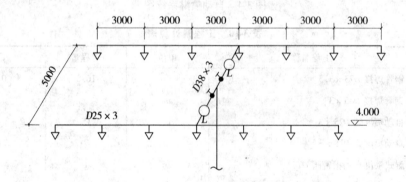

图3-5 某会议厅消防喷淋系统图

【解】 工程量计算见表3-12。

表3-12 消防喷淋系统安装工程量计算表

序号	项目名称	单位	工程量
1	钢管螺纹连接 $D38\times3$	10 m	0.5
2	自动喷淋管 $D25\times3$	10 m	3.6×1.3
3	自动喷淋头 DN15	个	14
4	水流指示器 DN40	个	2
5	螺纹阀 DN40	个	2
6	钢管除锈	10 m²	0.289
7	钢管刷防锈漆	10 m²	0.289
8	钢管刷防火漆	10 m²	0.289
9	管道冲洗	100 m	0.41
10	脚手架搭拆费	元	

清单工程量计算见表3-13。

表3-13 消防喷淋系统清单工程量计算表

序号	项目编码	项目名称	项目特征描述	计量单位	工程量
1	030701001001	水喷淋镀锌钢管	钢管螺纹连接,$D38\times3$	m	5
2	030701001002	水喷淋镀锌钢管	自动喷淋管,$D25\times3$	m	46.8
3	030701011001	水喷头	自动喷淋头,DN15	个	14
4	030701014001	水流指示器	水流指示器,DN40	个	2
5	030701005001	螺纹阀门	螺纹阀,DN40	个	2

【例3】 图3-6所示为气体灭火系统,无缝钢管常用作主干管或系统下部工作压力较高部位的管道材料。两个选择阀⊠以外的部分为总管,所用材料为无缝钢管,管径为公称直径150 mm。不锈钢对于某些具体的介质和特定的条件而言是比较耐腐蚀的。铜在低温下仍能保证其在常温下的力学性能。因此,在管道工作时能产生低温的系统中常用铜管,如贮存容器到总管之前的管道均采用铜管。本例采用外径14mm的紫铜管。气体驱动装置管道指启动气瓶到总管之间的管道。试计算工程量并套用定额(不含主材费)。

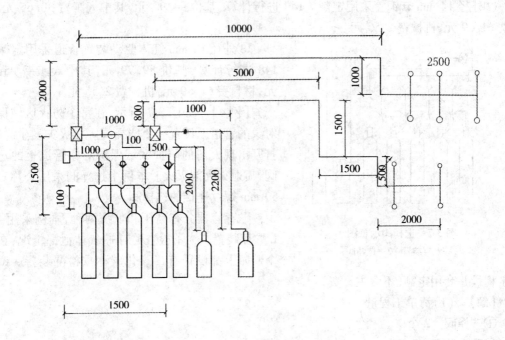

图3-6 气体灭火栓系统管道示意图

【解】 (1)清单工程量。
①无缝钢管
$(2+10+1+2.5+0.8+5+1.5+1.5+0.5+2)$ m $=26.8$ m (两条主干管,前四项为第一条主干管,其余的为第二条主干管)
②铜管

$(0.1×5+1.5+1.5+0.1)m=3.6m$ （贮存容器到主干管之前的连接部分采用铜管连接）

③气体驱动装置管道

$(2+1.5+0.1+1+2.2+1)m=7.8m$ （前四项为一条气体驱动装置管道，从启动气瓶到主干管；其余的为第二气体驱动装置管道）

清单工程量计算见表3-14。

例3-14 清单工程量计算表

序号	项目编码	项目名称	项目特征描述	计量单位	工程量
1	030702001001	无缝钢管	DN150	m	26.80
2	030702003001	铜管	紫铜管,DN14	m	3.60
3	030702004001	气体驱动装置管道	DN10	m	7.80

(2)定额工程量。

①无缝钢管与公称直径150mm法兰连接，采用定额7-147进行计算，基价512.37元，其中人工费221.52元，材料费167.38元，机械费123.47元。

②外径14mm紫铜管采用定额7-149进行计算，基价94.90元，其中人工费30.65元，材料费61.69元，机械费2.56元。

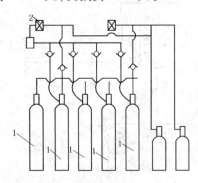

图3-7 选择阀示意图
1—贮存装置 2—选择阀

③外径10mm气体驱动装置管道采用定额7-148进行计算，基价89.79元，其中人工费25.54元，材料费61.69元，机械费2.56元。

【例4】 如图3-7所示，在每个防火区域保护对象的管道上设置一个选择阀。在火灾发生时，可打开出现火情的防护区域保护对象管道上的选择阀，喷射灭火剂灭火。本例中选择阀采用公称直径50mm螺纹连接的选择阀。

贮存容器分有高压和低压两种，本例采用155L贮存装置。为了检查贮存瓶气体泄漏情况，在每个贮瓶上都设置有二氧化碳称重检漏装置。试计算工程量并套用定额(不含主材费)。

【解】 (1)清单工程量：

①选择阀 2个

②贮存装置 5套

③二氧化碳称重检漏装置 5套 （每个贮存器上对应有一个）

清单工程量计算见表3-15。

表3-15　清单工程量计算表

序号	项目编码	项目名称	项目特征描述	计量单位	工程量
1	030702005001	选择阀	螺纹连接,DN50	个	2
2	030702007001	贮存装置	155 L	套	5
3	030702008001	二氧化碳称重检漏装置	如图所示	套	5

(2)定额工程量：

①选择阀,螺纹连接,公称直径50 mm采用定额7-166计算,基价27.84元,其中人工费12.77元,材料费9.21元,机械费5.86元。

②贮存装置155 L,采用定额7-173计算,基价661.64元,其中人工费298.14元,材料费362.89元,机械费0.61元。

③二氧化碳称重检漏装置,采用定额7-176进行计算,基价48.47元,其中人工费42.96元,材料费5.51元。

【例5】　图3-8所示气体喷头是气体灭火系统中用于控制灭火剂流速和均匀分布灭火剂的重要部件,是灭火剂的释放口。工程中常用三种类型,液流型、雾化型、开花型。设计时根据生产厂家提供的数据选用和布置喷头。图中公称直径为32 mm。试计算工程量并套用定额(不含主材费)。

【解】　(1)清单工程量。

气体喷头 2 × 5 个 = 10 个(如图3-8所示)

清单工程量计算见表3-16。

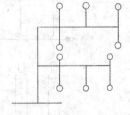

图3-8　气体喷头示意图

表3-16　清单工程量计算表

项目编码	项目名称	项目特征描述	计量单位	工程量
030702006001	气体喷头	DN32	个	10

(2)定额工程量。

公称直径32 mm气体喷头采用定额7-161进行计算,基价171.99元,其中人工费69.43元,材料费50.45元,机械费52.11元。

【例6】　某大楼为25层建筑,该建筑的消防设施为1~4层采用消防喷淋系统,5~25层采用卤代烷1301气体自动灭火系统。其中卤代烷1301气体自动灭火系统为组合分配式管网灭火系统管网布置,各防护区的设计灭火浓度均为5%。灭火剂用量按组合分配系统中最大防护设计量计算,贮存压力为4.2 MPa,充装密度为800 kg/m³。喷射时间为10 min。各卤代烷1301气体自动灭火系统均设自动控制、手动控制和机械应急操作三种起动方式控制系统。输送卤代烷1301的管道采用内外镀锌的无缝钢管。如图3-9所示为8层钢瓶间管道系统图；图3-10所示为8~11层卤代烷气体灭火系统图,图3-11所示为5~8层卤代烷气体灭火系统图,图3-12所示为5层卤代烷气体灭火平面示意图,图3-13所示为6层卤代烷气体灭火平面图,图3-14所示为7层卤代烷气体灭火系统平面示意图,图3-15所示为8层卤代烷气体灭火系统示意图,3-16 所示为 9 层卤代烷气体灭火系统平面示意图,图 3-17 所示为 10 层卤代烷气体灭火系统平面示意图。试对相关工程量的计算作审查分析。

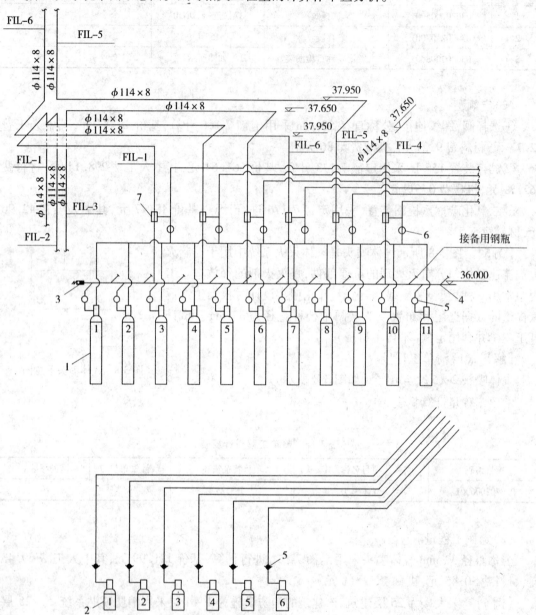

图 3-9 8 层钢瓶间管道系统图
1—卤代烷 1301 贮存钢瓶 2—启动钢瓶 3—安全阀 4—集流管；
5—液流单向阀 6—气流单向阀 7—释放阀

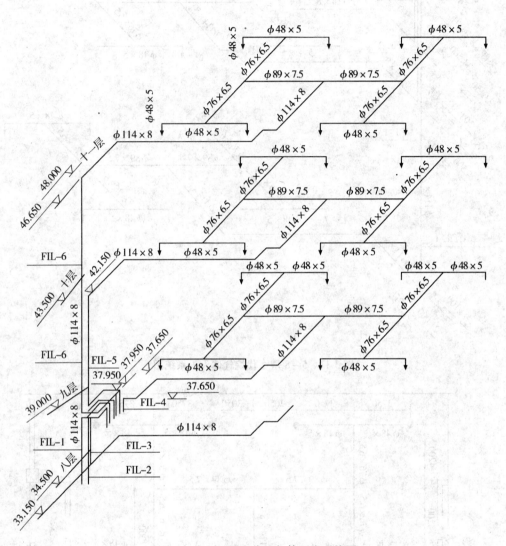

图 3-10　8～11 层卤代烷气体灭火系统图

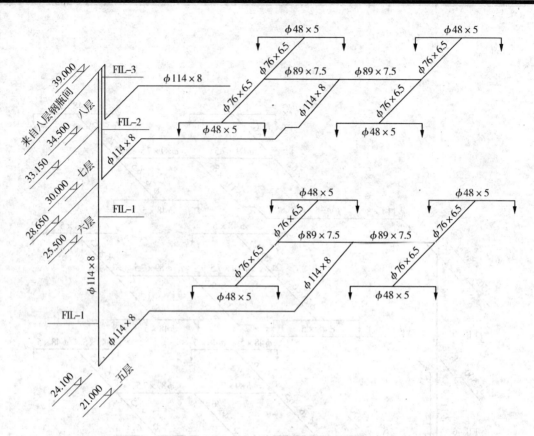

图 3-11　5~8 层卤代烷气体灭火系统图

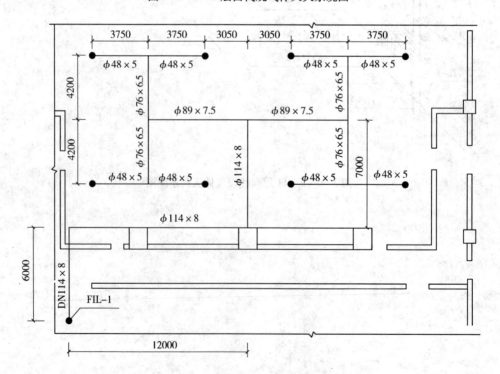

图 3-12　5 层卤代烷气体灭火平面示意图

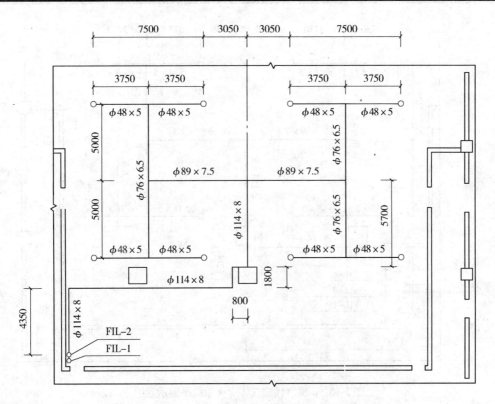

图 3-13　6 层卤代烷气体灭火系统平面图

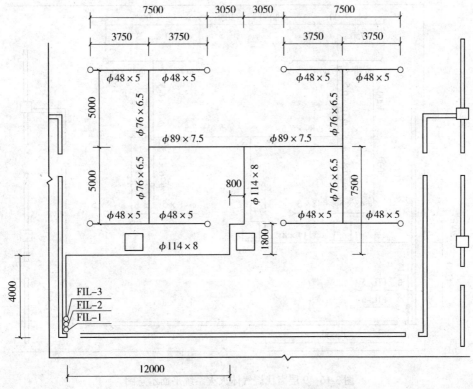

图 3-14　7 层卤代烷气体灭火系统平面示意图

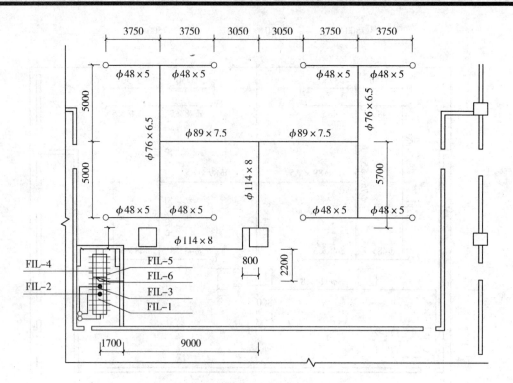

图3-15 8层卤代烷气体灭火系统平面示意图

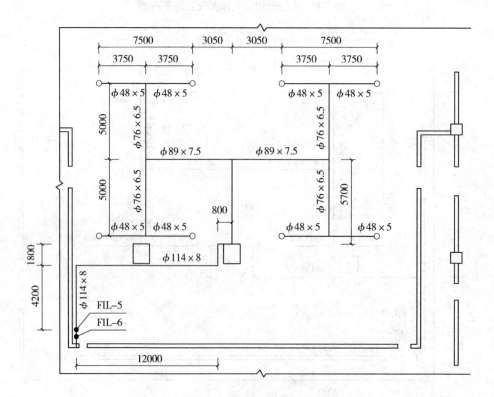

图3-16 9层卤代烷气体灭火系统平面示意图

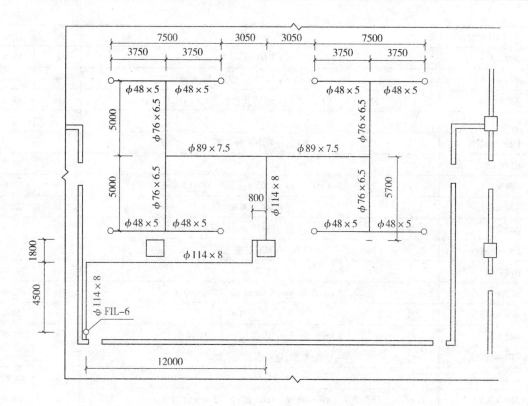

图 3-17 10层卤代烷气体灭火系统平面示意图

【解】 该建筑共设计四个卤代烷1301全淹没灭火系统。以5~10层设计为一个组分配式系统为例(不包括电气系统)做禁忌与审查分析工作。

工程量计算见表3-7。

表3-17 工程量计算表

项目名称	工程量计算式	单位	数量
钢瓶间设备			
贮存钢瓶	1301,容积90 L,贮存压力4.2 MPa,充装密度800 kg/m³,数量11个	个	11
启动钢瓶	6套	套	6
安全阀	YZA20 1个	个	1
集流管	1套	套	1
液流单向阀	6个	个	6
气流单向阀	6个	个	6
释放阀	YS80/80 6个	个	6
压力信号器	6件	件	6
管道工程量			
FIL—1系统	5层,查看有关施工图		
$\phi 114 \times 8$	44.2 m	m	44.2

(续)

项目名称	工程量计算式	单位	数量
φ89×7.5	3.75 m + 3.05 m + 3.05 m + 3.75 m = 13.6 m	m	13.6
φ76×6.5	(4.2 m×2) + (4.2 m×2) = 16.8 m	m	16.8
φ48×5	(3.75 m×8) + [0.2 m(喷嘴接管长度)×8] = 31.6 m	m	31.6
喷嘴	8个	个	8
FIL—2 系统	6层,查看有关施工图		
φ114×8	39.3 m	m	39.3
φ89×7.5	3.75 m + 3.05 m + 3.05 m + 3.75 m = 13.6 m	m	13.6
φ76×6.5	5 m×4 = 20 m	m	20.0
φ48×5	(3.75 m×8) + (0.2 m×8) = 31.6 m	m	31.6
FIL—3 系统	7层,查看有关施工图		
φ114×8	34.45 m	m	34.45
φ89×7.5	3.75 m + 3.05 m + 3.05 m + 3.75 m = 13.6 m	m	13.6
φ76×6.5	5 m×4 = 20 m	m	20.0
φ48×5	(3.75 m×8) + (0.2 m×8) = 31.6 m	m	31.6
FIL—4 系统	8层,查看有关施工图		
φ114×8	22.85 m	m	22.85
φ89×7.5	3.75 m + 3.05 m + 3.05 m + 3.75 m = 13.6 m	m	13.6
φ48×5	(3.75 m×8) + (0.2 m×8) = 31.6 m	m	31.6
FIL—5 系统	9层,查看有关施工图		
φ114×8	34.65 m	m	34.65
φ89×7.5	3.75 m + 3.05 m + 3.05 m + 3.75 m = 13.6 m	m	13.6
φ76×6.5	5 m×4 = 20 m	m	20.0
φ48×5	(3.75 m×8) + (0.2 m×8) = 31.6 m	m	31.6
FIL—6 系统	10层,查看有关施工图		
φ114×8	39.45 m	m	39.45
φ89×7.5	3.75 m + 3.05 m + 3.05 m + 3.75 m = 13.6 m	m	13.6
φ76×6.5	5 m×4 = 20 m	m	20.0
φ48×5	(3.75 m×8) + (0.2 m×8) = 31.6 m	m	31.6
工程量汇总			
φ114×8	44.2 m + 39.3 m + 34.45 m + 22.85 m + 34.65 m + 39.45 m = 214.9 m ≈ 215 m	m	215
φ89×7.5	13.6 m + 13.6 m + 13.6 m + 13.6 m + 13.6 m + 13.6 m = 81.6 m	m	81.6
φ76×6.5	16.8 m + 20 m + 20 m + 20 m + 20 m + 20 m = 116.8 m	m	116.8
φ48×5	31.6 m + 31.6 m + 31.6 m + 31.6 m + 31.6 m + 31.6 m = 189.6 m	m	189.6
喷嘴	48个	个	48
管道支吊架	360 kg	kg	360
钢制管件	参照有关规定取定:DN48,30 件;DN76,20 件;DN89,20 件	件	70

工程预算见表3-18。

表3-18 工程预算表

定额编号	分部分项工程名称	定额单位	工程量	基价/元	合价/元	其中					
						人工费/元		材料费/元		机械费/元	
						单价	金额	单价	金额	单价	金额
7-142	无缝钢管 $\phi48\times5$ 安装	10 m	18.96	52.43	994.07	23.45	444.61	10.10	191.50	18.88	357.96
7-144	无缝钢管 $\phi76\times6.5$ 安装	10 m	11.68	65.15	760.95	31.35	366.17	13.55	158.26	20.25	236.52
7-145	无缝钢管 $\phi89\times7.5$ 安装	10 m	8.16	73.22	597.48	36.46	297.51	16.51	134.72	20.25	165.24
7-146	无缝钢管 $\phi114\times8$ 安装	10 m	21.5	418.53	8 998.40	194.82	4 188.63	106.78	2 295.77	116.93	2 514.00
7-154	钢制管件 DN40	10 件	3.0	235.25	705.75	61.77	185.31	60.37	181.11	113.11	339.33
7-156	钢制管件 DN70	10 件	2.0	273.98	547.96	71.52	143.04	80.97	161.94	121.49	242.98
7-157	钢制管件 DN80	10 件	2.0	301.24	602.48	80.81	161.62	98.94	197.88	121.49	242.98
7-162	喷头安装	10 个	4.8	220.01	1 056.05	100.31	481.49	61.36	294.53	58.34	280.03
7-172	贮存钢瓶容器安装	套	11	464.22	5 106.42	193.42	2 127.62	270.19	2 972.09	0.61	6.71
7-177	系统组件试验	个	48	13.99	671.52	3.48	167.04	7.20	345.6	3.31	158.88
7-178	气压严密性试验	个	48	90.27	4 332.96	5.11	245.28	77.73	3 731.04	7.43	356.64
7-210	装置调试	个	6	869.02	5 214.12	371.52	2 229.12	497.50	2 985	—	—
6-1462	气流单向阀安装 DN100	个	11	78.84	867.24	60.74	668.14	12.97	142.67	5.13	56.43
6-1462	液流单向阀安装 DN100	个	11	78.84	867.24	60.74	668.14	12.97	142.67	5.13	56.43
7-147	集流管安装 DN150	10 m	4	512.37	2 049.48	221.52	886.08	167.38	669.52	123.47	493.88
6-2949	钢套管制安 DN150	个	9	96.73	870.57	29.49	265.41	50.53	454.77	16.71	150.39
7-131	管道支吊架制安	100 kg	3.6	388.84	1 399.82	206.66	743.98	104.28	375.41	77.90	280.44
11-7	支吊架除锈	100 kg	3.6	17.35	62.46	7.89	28.40	2.50	9.00	6.96	25.06
11-117	支吊架防锈漆	100 kg	3.6	13.17	47.41	5.34	19.22	0.87	3.13	6.96	25.06
11-126	支吊架调和漆	100 kg	3.6	12.33	44.39	5.11	18.40	0.26	0.94	6.96	25.06
第七册	脚手架搭拆费	元			0.05						
第六册	脚手架搭拆费	元			0.07						
第十一册	脚手架搭拆费	元			0.08						
	合 计										

注:1. 未计设备及主材价格。
2. 未计算灭火系统调试试验时采取的安全措施所花费用。
3. 未包括自动报警系统装置安装及调试。
4. 未计场外运输费用。

表3-19 清单工程量计算表

序号	项目编码	项目名称	项目特征描述	计量单位	工程量
1	030702001001	无缝钢管	$\phi48\times5$	m	189.6
2	030702001002	无缝钢管	$\phi76\times6.5$	m	116.8
3	030702001003	无缝钢管	$\phi89\times7.5$	m	81.6
4	030702001004	无缝钢管	$\phi114\times8$	m	215.00
5	030702006001	气体喷头	如图所示	个	10

(续)

序号	项目编码	项目名称	项目特征描述	计量单位	工程量
6	030702007001	贮存装置	如图所示	套	6
7	030706004001	气体灭火系统装置调试	如图所示	个	1

审查分析

(1)忌重复套定额基价。定额中规定:贮存装置安装中包括灭火剂贮存容器和驱动气瓶的安装固定支框架、系统组件(集流管、容器阀、单向阀、高压软管)、安全阀等贮存装置和阀驱动装置的安装及氮气增压。所以预算书中,6-1462(气流单向),6-1462(液流单向),7-147(集流管)三项属重复套定额,应撤减。

(2)忌漏算费用。预算书中漏掉高层建筑增加费。该建筑为25层(80 m)高度,依据规定:建筑物在6层或20 m以上的工业与民用建筑按高度档次分别计取高层建筑增加费,该项目应为人工费增11%的工资。

【例7】 某七层建筑的消防设施采用卤代烷1301气体自动灭火系统。卤代烷1301气体自动灭火系统为组合分配式管网灭火系统管网计算配置,各防护区的设计浓度为5%。灭火剂用量按组合分配系统中最大防护设计量计算,贮存压力为4.2 MPa,充满密度为800 kg/m³,喷射时间为10 min。各卤代烷1301气体自动灭火系统均设自动控制、手动控制和机械应急操作三种启动方式控制系统。输送卤代烷1301的管道采用内外镀锌的无缝钢管。该建筑是一个卤代烷1301全淹没灭火系统。图3-18为第4层钢瓶间管道系统图,图3-19为1层卤代烷气体灭火平面示意图,图3-20为2层卤代烷气体灭火平面示意图,图3-21为3层卤代烷气体平面示意图,图3-22为4层卤代烷气体平面示意图,图3-23为5、6层卤代烷气体平面示意图,图3-24为7层卤代烷气体平面示意图,图3-25为1~4层卤代烷气体灭火系统图,图3-26为5~7层卤代烷气体灭火系统图。试计算工程量并套用定额(不含主材费)与清单。

【解】 (1)卤代烷气体灭火系统工程量。

①管道工程量。

a.1~4层立管 $\phi 114 \times 8$

$[(16.70-12.60)+(12.60-8.30)+(12.6-4.10)+(12.60-12.50)]$m

$=17$ m

b.5~7层立管 $\phi 114 \times 8$

$[(20.90-12.60)+(25.10-12.60)+(29.30-12.60)]$m $= 37.5$ m

c.1层支管: $\phi 114 \times 8$ $(8.2+11+4.2+3+4.2)$m $= 30.6$ m

$\phi 89 \times 7.5$ 3.6×4 m $= 14.4$ m

$\phi 76 \times 6.5$ $[(4.2+4.2) \times 2 + 3.6 \times 4]$m $= 31.2$ m

$\phi 48 \times 5$ $[(3.6+3.6) \times 4 + 4.2 \times 2]$m $= 37.2$ m

喷嘴 11个

d.2层支管: $\phi 114 \times 8$ $[8.2+(11-7.2)]$m $= 12$ m

$\phi 89 \times 7.5$ $(3.6 \times 4 + 7.2)$m $= 21.6$ m

$\phi 76 \times 6.5$ $[7.2+(4.2+4.2) \times 2]$m $= 24$ m

$\phi 48 \times 5$ $[(7.2+4.2) \times 2 + (3.6+3.6) \times 4]$m $= 51.6$ m

喷嘴 10个

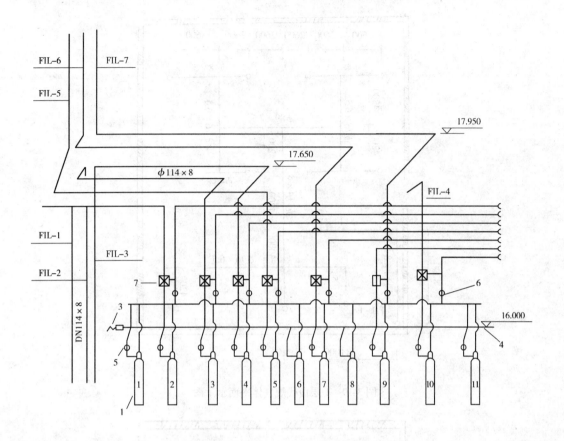
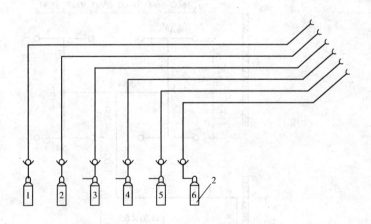

图 3-18 卤代烷 1301 贮存钢瓶间管道系统图
1—卤代烷 1301 贮存钢瓶 2—启动钢瓶 3—安全阀 4—集流管
5—液流单向阀 6—气流单向阀 7—释放阀

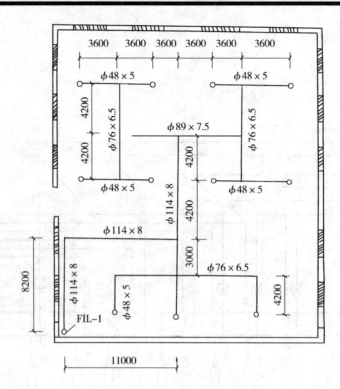

图 3-19 1 层卤代烷气体平面示意图

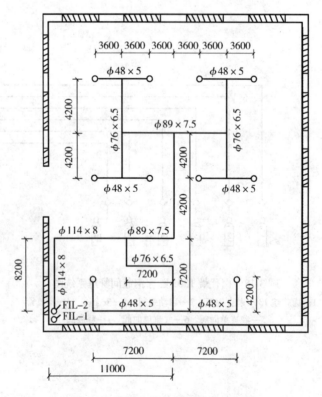

图 3-20 2 层卤代烷气体平面示意图

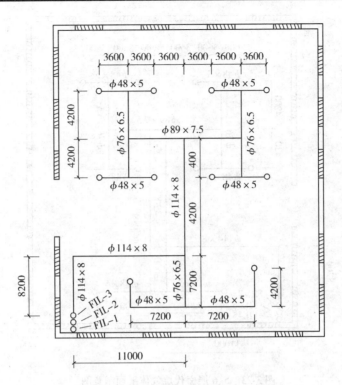

图 3-21　3 层卤代烷气体平面示意图

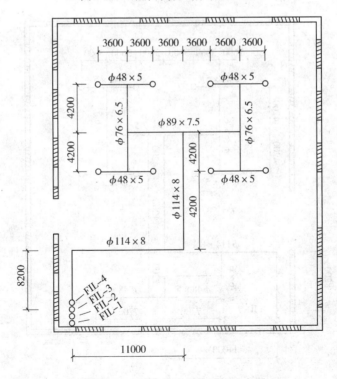

图 3-22　4 层卤代烷气体平面示意图

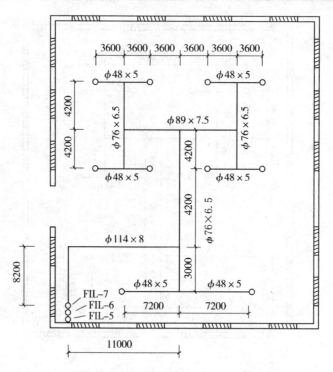

图 3-23 5、6 层卤代烷气体平面示意图

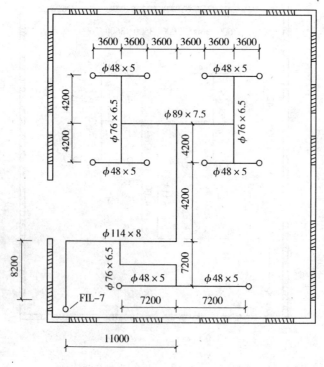

图 3-24 7 层卤代烷气体平面示意图

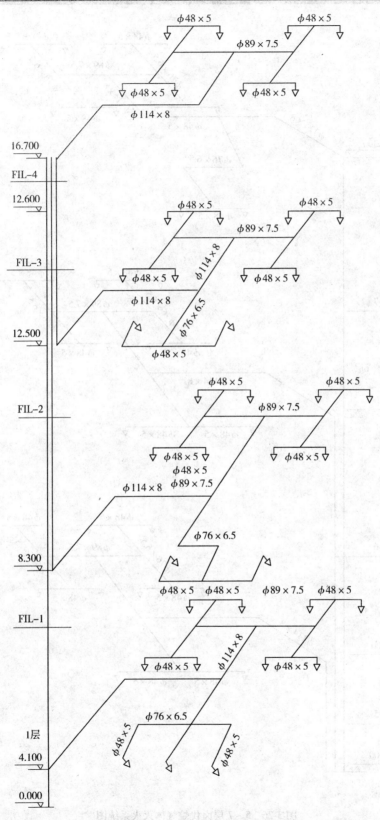

图 3-25 1~4 层卤代烷气体灭火系统图

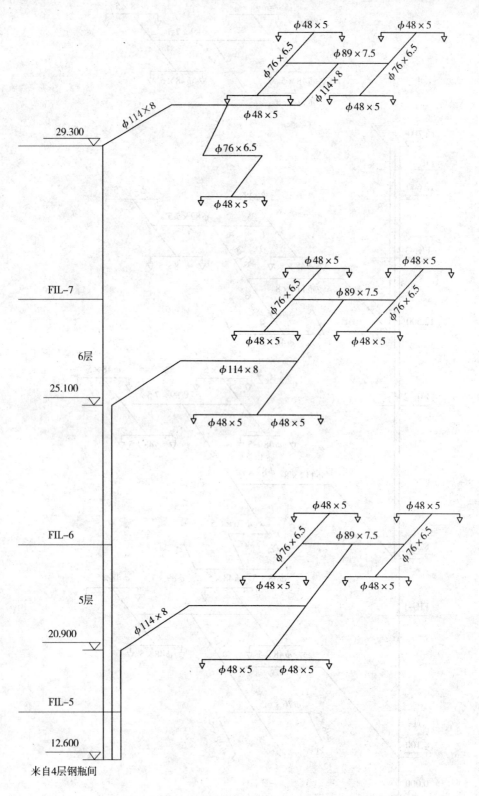

图 3-26 5～7 层卤代烷气体灭火系统图

e. 3层支管：$\phi 114 \times 8$　$(8.2+11+4.2+4.2)\mathrm{m}=27.6\mathrm{~m}$

$\phi 89 \times 7.5$　$3.6 \times 4\mathrm{~m}=14.4\mathrm{~m}$

$\phi 76 \times 6.5$　$[7.2+(4.2+4.2) \times 2]\mathrm{m}=24\mathrm{~m}$

$\phi 48 \times 5$　$[(7.2+4.2) \times 2+(3.6+3.6) \times 4]\mathrm{m}=51.6\mathrm{~m}$

喷嘴　10个

f. 4层支管　$\phi 114 \times 8$　$(8.2+11+4.2+4.2)\mathrm{m}=27.6\mathrm{~m}$

$\phi 89 \times 7.5$　$3.6\mathrm{~m} \times 4=14.4\mathrm{~m}$

$\phi 76 \times 6.5$　$(4.2+4.2) \times 2\mathrm{~m}=16.8\mathrm{~m}$

$\phi 48 \times 5$　$(3.6+3.6) \times 4\mathrm{~m}=28.8\mathrm{~m}$

喷嘴　8个

g. 5层支管　$\phi 114 \times 8$　$(8.2+11)\mathrm{m}=19.2\mathrm{~m}$

$\phi 89 \times 7.5$　$3.6 \times 4\mathrm{~m}=14.4\mathrm{~m}$

$\phi 76 \times 6.5$　$[7.2+4.2+(4.2+4.2) \times 2]\mathrm{m}=28.2\mathrm{~m}$

$\phi 48 \times 5$　$[(3.6+3.6) \times 4+7.2 \times 2]\mathrm{m}=43.2\mathrm{~m}$

喷嘴　10个

h. 6层支管　$\phi 114 \times 8$　$(8.2+11)\mathrm{m}=19.2\mathrm{~m}$

$\phi 89 \times 7.5$　$3.6 \times 4\mathrm{~m}=14.4\mathrm{~m}$

$\phi 76 \times 6.5$　$[7.2+4.2+(4.2+4.2) \times 2]\mathrm{m}=28.2\mathrm{~m}$

$\phi 48 \times 5$　$[(3.6+3.6) \times 4+7.2 \times 2]\mathrm{m}=43.2\mathrm{~m}$

喷嘴　10个

i. 7层支管　$\phi 114 \times 8$　$(8.2+11+4.2+4.2)\mathrm{m}=27.6\mathrm{~m}$

$\phi 89 \times 7.5$　$3.6 \times 4\mathrm{~m}=14.4\mathrm{~m}$

$\phi 76 \times 6.5$　$[7.2+7.2(4.2+4.2) \times 2]\mathrm{m}=31.2\mathrm{~m}$

$\phi 48 \times 5$　$[7.2 \times 2+(3.6+3.6) \times 4]\mathrm{m}=43.2\mathrm{~m}$

喷嘴　10个

j. 管道工程量汇总

$\phi 114 \times 8$　$(17+37.5+30.6+12+27.6+27.6+27.6+19.2+19.2)\mathrm{m}=218.3\mathrm{~m}$

$\phi 89 \times 7.5$　$(14.4+21.6+14.4+14.4+14.4+14.4+14.4)\mathrm{m}=108\mathrm{~m}$

$\phi 76 \times 6.5$　$(31.2+24+24+16.8+28.2+28.2+31.2)\mathrm{m}=183.6\mathrm{~m}$

$\phi 48 \times 5$　$(37.2+51.6+51.6+28.8+43.2+43.2+43.2)\mathrm{m}=298.8\mathrm{~m}$

k. 喷嘴工程量汇总　$(11+10+10+8+10+10+10)$个$=69$个

②卤代烷气体灭火贮存钢瓶　11个

③启动钢瓶　6个

④安全阀　1个

⑤集流管　1套

⑥液流单向阀　11个

⑦气流单向阀　7个

⑧释放阀　6个

⑨压力信号器　6个

(2)卤代烷气体灭火系统工程套用清单及定额。
①项目编码:030702001001
项目名称:无缝钢管
项目特征描述:φ114×8　法兰连接
工程量:218.3 m
套用定额编号 7-147;基价 512.37 元,其中人工费 221.52 元,材料费 167.38 元,机械费 123.47 元。

②项目编码:030702001002
项目名称:无缝钢管
项目特征描述:φ89×7.5　法兰连接
工程量:108 m
套用定额编号 7-146;基价 418.53 元,其中人工费 194.82 元,材料费 106.78 元,机械费 116.93 元。

③项目编码:030702001003
项目名称:无缝钢管
项目特征描述:φ76×6.5　螺纹连接
工程量:183.6 m
套用定额编号 7-145;基价 73.22 元,其中人工费 36.46 元,材料费 16.51 元,机械费 20.25 元。

④项目编码:030702001004
项目名称:无缝钢管
项目特征描述:φ48×5　螺纹连接
工程量:298.8 m
套用定额编号 7-143;基价 53.91 元,其中人工费 24.61 元,材料费 10.42 元,机械费 18.88 元。

⑤项目编码:030702005001
项目名称:选择阀
项目特征描述:释放阀,法兰连接　公称直径 100 mm
工程量:6 个
套用定额编号 7-169;基价 92.62 元,其中人工费 30.42 元,材料费 58.68 元,机械费 3.52 元。

⑥项目编码:030702007001
项目名称:贮存装置
项目特征描述:贮存容器规格 155 L
工程量:11 套
套用定额编号 7-173;基价 661.64 元,其中人工费 298.14 元,材料费 362.89 元,机械费 0.61 元。

⑦项目编码:030702006001
项目名称:气体喷头

项目特征描述:DN15

工程量:69 个

套用定额编号 7-158;基价 123.63 元,其中人工费 50.62 元,材料费 40.42 元,机械费 32.59 元。

注:未包含有气体灭火系统装置调试预算。

清单工程量计算见表 3-20。

表 3-20　清单工程量计算表

序号	项目编码	项目名称	项目特征描述	计量单位	工程量
1	030702001001	无缝钢管	$\phi144\times8$,法兰连接	m	218.3
2	030702001002	无缝钢管	$\phi89\times7.5$,法兰连接	m	108
3	030702001003	无缝钢管	$\phi76\times6.5$,螺纹连接	m	183.6
4	030702001004	无缝钢管	$\phi48\times5$,螺纹连接	m	298.8
5	030702005001	选择阀	释放阀,法兰连接,DN100	个	6
6	030702007001	贮存装置	贮存容器,规格 155L	套	11
7	030702006001	气体喷头	$\phi15$	个	69

定额工程量计算见表 3-21。

表 3-21　定额工程量计算表

序号	定额编号	分部分项工程名称	定额单位	工程量	人工费/元	材料费/元	机械费/元
1	7-147	无缝钢管安装(法兰连接),$\phi144\times8$	10 m	21.83	221.52	167.38	123.47
2	7-146	无缝钢管安装(法兰连接),$\phi89\times7.5$	10 m	10.8	194.82	106.78	116.93
3	7-145	无缝钢管安装(螺纹连接),$\phi76\times6.5$	10 m	18.36	36.46	16.51	20.25
4	7-143	无缝钢管安装(螺纹连接),$\phi48\times5$	10 m	29.88	24.61	10.42	18.88
5	7-169	选择阀安装,法兰连接,DN100	个	6	30.24	58.68	3.52
6	7-173	贮存装置安装,155 L	套	11	298.14	362.89	0.61
7	7-158	喷头安装,DN15	10 个	6.9	50.62	40.42	32.59

第四章 泡沫灭火系统工程

第一节 泡沫灭火系统工程造价简述

用泡沫液作为灭火剂的泡沫灭火系统已在国内外得到广泛的应用,是目前油品火灾的基本扑救方式,在我国的石油化工企业、商品油库等工程,基本上都采用泡沫灭火系统。

泡沫灭火系统包括的项目有管道安装、阀门安装、法兰安装及泡沫发生器、混合贮存装置安装,并按材质、型号规格、焊接方式、除锈标准、油漆品种等不同特征列项。编制工程量清单时,必须明确描述各种特征,以便计价。

凡能与水混溶,并可通过化学反应或机械方法产生灭火泡沫的灭火剂统称为泡沫灭火剂,其组成包括发泡剂、泡沫稳定剂、降黏剂、抗冻剂、助溶剂、防腐剂及水。以泡沫为灭火介质的灭火系统称为泡沫灭火系统。

泡沫灭火剂有化学泡沫灭火剂和空气泡沫灭火剂两大类。目前化学泡沫灭火剂主要是充装于100 L以下的小型灭火器内,扑救小型初期火灾,而大型的泡沫灭火系统则以空气泡沫灭火剂为主。

泡沫灭火系统主要用于扑灭非水溶性可燃液体及一般固体火灾。其灭火原理是泡沫灭火剂的水溶液通过化学、物理作用,充填大量气体(CO_2、空气)后形成无数小气泡,覆盖在燃烧物表面,使燃烧物与空气隔绝,阻断火焰的热辐射,从而形成灭火能力。同时泡沫在灭火过程中析出液体,可使燃烧物冷却。受热产生的水蒸汽还可降低燃烧物附近的氧气浓度,也能起到较好的灭火效果。

泡沫灭火系统根据泡沫灭火剂的发泡性能的不同分为:低倍数泡沫灭火系统、中倍数泡沫灭火系统和高倍数泡沫灭火系统三类。

低倍数泡沫灭火系统主要用于扑救原油、汽油、煤油、柴油、甲醇、乙醇、丙酮等B类火灾,适用于炼油厂、化工厂、油田、油库、码头、飞机库、燃油锅炉房等场所。

高倍数泡沫灭火系统不仅可扑救由汽油、煤油、柴油、工业苯等引起的B类火灾,还可用于扑救由木材、纸张、橡胶、纺织品等引起的A类火灾以及扑救封闭的带电设备场所的火灾。它适用于固体物资仓库、易燃液体仓库、地下建筑工程、贵重仪器设备和物品的存放仓库等场所。

中倍数泡沫灭火系统适用的扑救对象及场所与高倍数泡沫灭火系统基本相同,但是它可用于立式钢制储油罐内火灾的扑救。

泡沫灭火系统的主要设备有:空气泡沫产生器、泡沫比例混合器、消防水泵、泡沫液储罐、空气泡沫枪和泡沫喷头。

泡沫灭火剂的贮存条件对其使用有直接的影响。按其规定的条件贮存,可以保证在其有效期间内发挥应有的灭火效果;否则会发生腐败变质、缩短使用期限、影响使用效果,甚至不能灭火。各类空气机械泡沫灭火剂的贮存条件应符合下列要求。

(1)包装容器要耐腐蚀。各类泡沫灭火剂应据其腐蚀率大小分别选用铁桶或塑料桶发装。

(2)贮存环境温度须适宜。泡沫灭火剂的包装容器应贮存在阴凉、干燥的环境中,不能置于露天曝晒。

(3)盛装要保持密封。容器应尽量装满药剂并密封好。密封好的各类泡沫灭火剂的贮存时间一般为5年左右。

(4)要防止相互混合。不同类型的泡沫灭火剂不能混合,此外,泡沫灭火剂还不能与其他类型灭火剂相混。

第二节 重要名词及相关数据公式精选

一、重要名词精选

1. 泡沫灭火剂

凡能与水混溶,并可通过化学反应或机械方法产生灭火泡沫的灭火剂统称为泡沫灭火剂,其组成包括发泡剂、泡沫稳定剂、降黏剂、抗冻剂、助溶剂、防腐剂及水。

2. 泡沫灭火系统

以泡沫为灭火介质的灭火系统称为泡沫灭火系统。

3. 泡沫液充装

泡沫液充装指向泡沫液贮罐中充装高压的泡沫液,以便于火灾时利用并在火灾后重装。

4. 干粉灭火系统

干粉灭火系统是以干粉作为灭火剂的灭火系统,主要用于扑救可燃气体,易燃、可燃液体和电气设备的火灾。

5. 发泡倍数

发泡倍数指泡沫灭火剂的水溶液变成灭火泡沫后的体积膨胀倍数。

6. 25%的析液时间

25%的析液时间指从开始生成泡沫,到泡沫中析出1/4质量的液体所需要的时间,它是衡量泡沫稳定性的一个指标。

7. 化学泡沫灭火剂

由两种药剂的水溶液通过化学反应产生的灭火泡沫称为化学泡沫灭火剂。

8. 空气泡沫比例混合器

空气泡沫比例混合器是固定式和半固定式泡沫灭火系统中主要配套设备,它能使水与空气泡沫按一定比例混合,组成泡沫混合液,供给泡沫产生器、泡沫枪、泡沫炮和泡沫钩管等。

9. 空气泡沫产生器

空气泡沫产生器是空气泡沫灭火系统中产生泡沫的设备,如图4-1所示。

10. 空气泡沫枪

空气泡沫枪是移动式泡沫灭火系统的重要组件,俗称泡沫管枪,是一种轻便的消防器材。

11. 泡沫钩管

泡沫钩管用于产生和喷射空气泡沫，扑救没有固定泡沫灭火装置的地下、半地下或小型储油罐的火灾。泡沫钩管由钩管、泡沫产生器等组成，如图 4-2 所示。

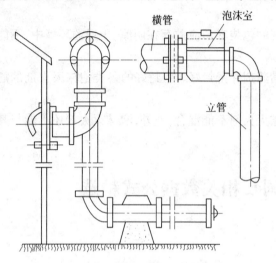

图 4-1　PC 系列空气泡沫产生器的构造和安装

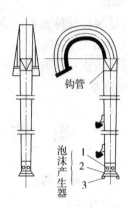

图 4-2　空气泡沫钩管
1—空气管　2—65mm 管牙接口　3—孔板

12. 化学泡沫灭火剂

由两种药剂的水溶液通过化学反应产生的灭火泡沫称为化学泡沫。化学泡沫由发泡剂、泡沫稳定剂或其他添加剂组成。

13. 混合比

混合比是指泡沫液用于灭火时与水混合的体积百分数。

14. 升降式泡沫管架

升降式泡沫管架是一种借助水的压力自动上升的移动式泡沫灭火设备，常用于高度在 6.5~11m 的油罐火灾扑救。

15. 全淹没灭火系统

全淹没灭火系统是一种用管道输入高倍数泡沫灭火剂和水，并连续地将泡沫喷放到被保护区域，充满其空间，并在要求的时间内保持一定的泡沫高度，进行控火和灭火的固定式灭火系统。

16. 淹没时间

淹没时间指高倍数泡沫发生器开始喷放泡沫至充满各类防护区域内规定的淹没体积所需要的时间。

17. 泡沫液贮罐

泡沫液贮罐是贮存高倍数泡沫液的装置，有压力贮罐和常压贮罐两种形式。

二、重要数据精选

泡沫灭火系统常用数据见表 4-1~表 4-10。

第四章 泡沫灭火系统工程

表4-1 空气泡沫压力比例混合器技术性能

混合器型号	泡沫液罐容量/L	标定工作压力/MPa	混合液量/(L/s)	混合比(%)	总重/kg	外形尺寸(长/mm×宽/mm×高/mm)
PHY64/76	7600	1.0	16~64	6%~7%	11 000	3 053×3 203×2 970
PHY48/55	5500				9000	2 785×1 990×2 252

表4-2 空气泡沫产生器规格和性能

型号	标定工作压力/MPa	混合液量/(L/s)	空气泡沫量/(L/s)
PC4	0.5	4	≥25
PC8		8	≥50
PC16		16	≥100
PC24		24	≥150

表4-3 高背压泡沫产生器的规格和性能

型号	混合液量/(L/min)	标定工作压力/MPa	背压/MPa	泡沫倍数	泡沫25%析液时间/s	外形尺寸(长/mm×宽/mm×高/mm)
PCY450	450	0.7	0.175	2.5~4	>180	1 020×185×185
PCY450G						927×185×185
PCY900	900					1 245×205×205
PCY900G						1 170×205×205
PCY1350G	1 350					1 372×235×235
PCY1800G	1 800					1 688×260×260

注：型号中带G字是指扩散管末端与泡沫管线相连是法兰连接，一般为固定安装使用；型号中不带G字是指扩端与泡沫管线相连是管牙接口，一般使用半固定式或移动式。

表4-4 空气泡沫枪技术性能参数

型号	工作压力/MPa	泡沫混合液流量/(L/s)	水流量/(L/s)	泡沫液量/(L/s)	泡沫量/(L/s)	射程/m
PQ4	0.7	4	3.76	0.24	25	≥24
PQ8	0.7	8	7.52	0.48	50	≥28
PQ16	0.7	16	15.04	0.96	100	≥32

表4-5 PPY32型移动式空气泡沫炮技术性能

工作压力/MPa	进水量/(L/s)	空气泡沫液吸入量/(L/s)	混合液耗量/(L/s)	空气泡沫发生量/(L/s)	射程/m 泡沫	射程/m 水
1.0	30.08	1.92	32	200	45	50

表 4-6 泡沫钩管技术性能

型号	标定工作压力 /MPa	混合液量 /(L/s)	泡沫量 /(L/s)	外形尺寸 (长/mm×宽/mm×高/mm)
PG16	0.5	16	≥100	3 880×218×580

表 4-7 吸入型低倍数泡沫喷淋系统最小供给强度

泡沫液类别	易燃液体	喷头安装高度/m	
		≤3	>3
		最小供给强度/[L/(min·m²)]	
蛋白泡沫液	烃类	8.0	10
氟蛋白泡沫液	烃类	8.0	10
水成膜泡沫液	烃类	由试验确定	
抗溶泡沫液	水溶性液体	由试验确定	

注：无论风的条件多么不利，都应达到此供给强度。

表 4-8 非吸入型低倍数泡沫喷淋系统最小供给强度

泡沫液类别	易燃液体	泡沫喷头安装高度/m	
		≤3	>3
		最小供给强度/[L/(min·m²)]	
水成膜泡沫液	烃类	6.5	8.0
抗溶泡沫液	水溶性液体	由试验确定	

注：无论风的条件多么不利，都应达到此供给强度。

表 4-9 泡沫喷淋灭火系统连续喷洒时间

保护对象	面积/m²	最小喷洒时间/min
室内烃类液体泄漏火	<50	10
	≥50	20
室内盛装烃类开口贮罐	<50	10
	≥50	20
室外应用	任何面积	20

表 4-10 淹没时间　　　　　　　　　　　　　　　　min

可燃物	高倍数泡沫灭火系统单独使用	高倍数泡沫灭火系与自动喷水灭火系统联合使用
闪点不超过40℃的液体	2	3
闪点超过40℃的液体	3	4
发泡橡胶、发泡塑料、成卷的织物或皱纹纸等低密度可燃物	3	4

(续)

可燃物	高倍数泡沫灭火系统单独使用	高倍数泡沫灭火系与自动喷水灭火系统联合使用
成卷的纸、压制牛皮纸、涂料纸、纸板箱(袋)、纤维圆筒、橡胶轮胎等高密度可燃物	5	7

三、重要公式精选

1. 空气泡沫混合液量

$$Q_{混} = Aq_1$$

式中 $Q_{混}$——泡沫混合液量(L/s);

q_1——泡沫混合液供给强度[L/(min·m²)]。

2. 空气泡沫产生器数量

$$N = \frac{Q_{混}}{q_2}$$

式中 N——泡沫产生器个数;

q_2——一个泡沫产生器每秒钟输送泡沫混合液量,计算时取 $q_2 = 4$L/s,(L/s)。

3. 实际供泡沫混合液量

$$Q_{混实} = Nq_2$$

4. 固定式泡沫灭火系统需要泡沫液量

$$Q_{液_1} = Q_{混实} \times 6\% \times t \times 60$$

式中 $Q_{液_1}$——泡沫液量(L);

6%——6%型泡沫液;

t——连续供泡沫混合液时间(min);

60——将分变成秒。

5. 固定式泡沫灭火系统配泡沫混合液用水量

$$Q_{水1} = Q_{混实} \times 0.94t \times 60$$

式中 $Q_{水1}$——固定式泡沫灭火系统配泡沫用水量;

0.94——对于6%型泡沫液,94%是水;

t——连续供泡沫混合液时间(min);

60——将分变成秒。

6. 辅助移动泡沫设备需泡沫液量

查表得:2 000 m³ 油罐(罐直径=11.58 m),需1支PQ4泡沫枪;根据表得:PQ8型泡沫枪的泡沫液吸入量为0.48(L/s)。故:

$$Q_{液_2} = Nq_3t \times 60 = 1 \times 0.48 \times 10 \times 60\text{L} = 288 \text{ L}$$

式中 $Q_{液_2}$——辅助移动泡沫枪所需要泡沫液量(L);

N——PQ8型泡沫枪个数;

q_3——PQ8 型泡沫枪的泡沫液吸入量(L/s);

t——连续供泡沫混合液时间(min);

60——将分变为秒。

7. 需要贮存泡沫液量

$$Q_{液} = Q_{液_1} + Q_{液_2} = (1\,728 + 288)\text{L} = 2\,016\ \text{L}$$

8. 辅助移动泡沫枪用水量

$$Q_{水_2} = Nq_4t \times 60$$

式中 $Q_{水_2}$——辅助移动泡沫枪所需水量(L);

N——泡沫枪数量(个);

q_4——一支 PQ8 型泡沫枪所需水量(L/s);

t——连续供泡沫的时间(min);

60——将分变成秒。

9. 泡沫混合液的管径

设:泡沫混合液流速为 2 m/s,管径按下式计算:

$$d = \sqrt{\frac{4Q_{混实}}{\pi v}}\,\text{m} = \sqrt{\frac{4 \times 12 \times 0.001}{3.14 \times 2}}\,\text{m} = 0.087\ \text{m} = 87\ \text{mm}$$

取管径 100 mm。

式中 $Q_{混实}$——固定式泡沫灭火系统需要泡沫混合液量;

v——泡沫混合液管道流速(m/s)。

10. 实际泡沫混合液管道的流速

$$v = \frac{4Q_{混}}{\pi d^2} = \frac{4 \times 12 \times 0.001}{\pi \times 0.1^2} = 1.53\ \text{m/s}$$

式中 d——调整后混合液管道的管径。

11. 泡沫液的贮存量

$$Q = Sqt \times 6\%\ (或 3\%)$$

式中 Q——贮存泡沫液量(L);

S——保护面积(m^2);

t——连续供泡沫时间(min);

q——泡沫混合液强度[L/(min·m^2)];

6%——泡沫液和水的混合比,如果是 3%的泡沫液,混合比是 3%。

12. 泡沫的淹没体积(防护区域的地面至泡沫淹没深度之间的空间体积)

淹没体积应按下式计算:

$$V = SH - V_g$$

式中 V——淹没体积(m^3);

S——防护区地面面积(m^2);

H——泡沫淹没深度(m);

V_g——固定的机器设备等不燃烧物体所占的体积(m^3)。

13. 防护区泡沫发生器最少设置数量

$$N = \frac{R}{\gamma}$$

式中 N——防护区泡沫发生器最少设置数量,台;
γ——每台泡沫发生器在设定的平均进口压力下的发泡量(m^3/min)。

14. 泡沫最小供给速率

$$R = \left(\frac{V}{T} + R_s\right) C_n C_L$$

$$R_s = L_s Q_y$$

式中 R——泡沫最小供给速率(m^3/min);
T——淹没时间(min);
C_n——泡沫破裂补偿系数,宜取1.15;
C_L——泡沫泄漏补偿系数,宜取1.05~1.2;
R_s——喷水造成的泡沫破泡率(m^3/mim);
L_s——泡沫破泡率与水喷头排放速率之比;
Q_y——预计动作的最大水喷头数目的总流量(L/min)。

15. 防护区的泡沫混合液流量

$$Q_h = N q_h$$

式中 Q_h——防护区的泡沫混合液流量(L/min);
q_h——每台泡沫发生器在设定的平均进口压力下的泡沫混合液流量(L/min)。

16. 防护区发泡用泡沫液流量

$$Q_p = K Q_h$$

式中 Q_p——防护区发泡用泡沫液流量(L/min);
K——混合比,当系统选用3%型泡沫液时,$K=0.03$;当选用6%型泡沫液时,$K=0.06$。

17. 防护区发泡用水流量

$$Q_s = (1-K) Q_h$$

式中 Q_s——防护区发泡用水流量(L/min)。

高倍数泡沫灭火系统选择3%或6%型的泡沫液后,其系统的混合比即是3%(水:泡沫液=97:3)或6%(水:泡沫液=94:6)。这个比例关系是计算泡沫液流量和水流量的基础。当防护区的泡沫混合液按公式计算出来后,即可根据混合比计算防护区内的泡沫液流量和水流量。

18. 中倍数泡沫发生器数量

固定顶油罐(包括浅盘及铅制内浮盘油罐)按下式计算:

$$N_{z_1} = \frac{Q_{z_1}}{q_{z_1}}$$

式中 N_{z_1}——中倍数泡沫发生器数量(只);

q_{z_1}——每只发生器的额定流量(L/s)。

19. 泡沫混合液用水的贮备量

$$W_s = \frac{1-K}{K}W$$

式中 W_s——泡沫混合液用水的最小贮备量(L)。

20. 泡沫液贮备量

$$W = W_{z_1} + W_{z_2} + W_{z_g}$$

式中 W——泡沫液贮备量(L);

W_{z_1}——扑救着火罐的泡沫液贮备量(L);

W_{z_2}——扑救罐区流散火的泡沫液贮备量(L);

W_{z_g}——泡沫液贮罐至最远一个油罐之间混合液管道内的泡沫流量(L)。

(1)单罐泡沫液贮备量按下式计算:

$$W_{z_1} = Q'_{z_1} K T_{z_1} 60$$

式中 K——泡沫液混合比,使用中倍数泡沫液时 $K = 0.08$;

T_{z_1}——泡沫最小喷放时间(min)。

(2)流散火的泡沫液贮备量按下式计算:

$$W_{z_2} = N_{z_2} q_{z_2} K T_{z_2} 60$$

式中 N_{z_2}——手提式中倍数泡沫发生器数量(只);

q_{z_2}——每个手提式中倍数泡沫发生器的额定流量(L/s);

T_{z_2}——泡沫最小喷放时间(min)。

第三节 工程定额及工程规范精汇

一、泡沫灭火系统定额工程量计算规则

(1)泡沫发生器及泡沫比例混合器安装中包括整体安装、焊法兰、单体调试及配合管道试压时隔离本体所消耗的人工和材料,不包括支架的制作安装和二次灌浆的工作内容,其工程量应按相应定额另行计算。地脚螺栓按设备自带考虑。

(2)泡沫发生器安装均按不同型号以"台"为计量单位,法兰和螺栓按设计规定另行计算。

(3)泡沫比例混合器安装均按不同型号以"台"为计量单位,法兰和螺栓按设计规定另行计算。

(4)泡沫液充装是按生产厂在施工现场充装考虑,若由施工单位充装时,可另行计算。

(5)泡沫灭火系统调试应按批准的施工方案另行计算。

二、泡沫灭火系统工程清单规范

泡沫灭火系统工程量清单项目设置及工程量计算规则,应按表4-11的规定执行。

表4-11 泡沫灭火系统(编码:030703)

项目编码	项目名称	项目特征	计量单位	工程量计算规则	工程内容
030703001	碳钢管	1. 材质 2. 型号、规格 3. 焊接方式 4. 除锈、刷油、防腐设计要求 5. 压力试验、吹扫的设计要求	m	按设计图示管道中心线长度以延长米计算,不扣除阀门、管件及各种组件所占长度	1. 管道安装 2. 管件安装 3. 套管制作、安装 4. 钢管除锈、刷油、防腐 5. 管道压力试验 6. 管道系统吹扫
030703002	不锈钢管				
030703003	铜管				
030703004	法兰	1. 材质 2. 型号、规格 3. 连接方式	副	按设计图示数量计算	法兰安装
030703005	法兰阀门		个		阀门安装
030703006	泡沫发生器	1. 水轮机式、电动机式 2. 型号、规格 3. 支架材质、规格 4. 除锈、刷油设计要求 5. 灌浆材料	台		1. 安装 2. 设备支架制作、安装 3. 设备支架除锈、刷油 4. 二次灌浆
030703007	泡沫比例混合器	1. 类型 2. 型号、规格 3. 支架材质、规格 4. 除锈、刷油设计要求 5. 灌浆材料			
030703008	泡沫液贮罐	1. 质量 2. 灌浆材料			1. 安装 2. 二次灌浆

第四节 工程造价编制注意事项

(1)泡沫发生器及泡沫比例混合器安装中包括整体安装、焊法兰、单体调试及配合管道试压时隔离本体所消耗的人工和材料,但不包括支架的制作、安装和二次灌浆的工作内容。地脚螺栓按本体带有考虑。

(2)泡沫灭火系统定额不包括的内容:

①泡沫灭火系统的管道、管件、法兰、阀门、管道支架等的安装及管道系统水冲洗、强度试验、严密性试验等执行《全国统一安装工程预算定额》第六册 工业管道工程相应项目。

②泡沫喷淋系统的管道、组件、气压水罐、管道支吊架等安装可执行《全国统一安装工程预算定额》第七册 消防及安全防范设备安装工程第二章相应项目及有关规定。

③消防泵等机械设备安装及二次灌浆执行《全国统一安装工程预算定额》第一册 机械设备安装工程相应项目。

④泡沫液贮罐、设备支架制作安装执行《全国统一安装工程预算定额》第五册 静置设备与

工艺金属结构制作安装工程相应项目。

⑤油罐上安装的泡沫发生器及化学泡沫室执行《全国统一安装工程预算定额》第五册静置设备与工艺金属结构制作安装工程相应项目。

⑥除锈、刷油、保温等均执行《全国统一安装工程预算定额》第十一册刷油、防腐蚀、绝热工程相应项目。

⑦泡沫液充装定额是按生产厂在施工现场充装考虑的,若由施工单位充装时,可另行计算。

⑧泡沫灭火系统调试应按批准的施工方案另行计算。

第五节　工程量清单编制注意事项

1. 泡沫灭火系统包括的项目有管道安装、阀门安装、法兰安装及泡沫发生器、混合贮存装置安装,并按材质、型号规格、焊接方式、除锈标准、油漆品种等不同特征列项。编制工程量清单时,必须明确描述各种特征,以便计价。

2. 如招标单位是按照建设行政主管部门发布的现行消耗量定额为依据时,泡沫灭火系统的管道安装、管件安装、法兰安装、阀门安装、管道系统水冲洗、强度试验、严密性试验等按照《全国统一安装工程预算定额》第六册的有关项目的工料机耗用量计价。

第六节　工程造价实例精讲

【例1】　计算如图4-3所示工程量并套用定额(不含主材费)。

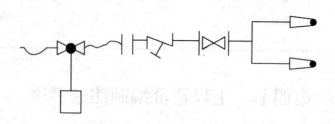

图4-3　法兰、法兰阀门示意图

【解】　(1)清单工程量。
①法兰1副
②法兰阀门1个
清单工程量计算见表4-12。

表 4-12 清单工程量计算表

序号	项目编码	项目名称	项目特征描述	计量单位	工程量
1	030703004001	法兰	碳钢法兰,DN65	副	1
2	030703005001	法兰阀门	焊接法兰阀门,DN80	个	1

(2)定额工程量。

①碳钢法兰,公称直径65 mm,按定额8-192计算,基价30.52元,其中人工费10.45元,材料费9.10元,机械费10.97元。

②焊接法兰阀门,公称直径80 mm,按定额8-260计算,基价152.82元,其中人工费17.41元,材料费124.44元,机械费10.97元。

【例2】 求如图4-4所示项目工程量并套用定额(不含主材费)。

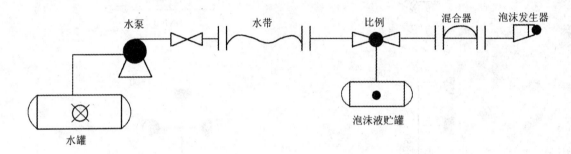

图 4-4 泡沫灭火系统示意图

【解】 (1)清单工程量。
①泡沫发生器　1台
②泡沫比例混合器　　1台
③泡沫液贮罐　1台
清单工程量计算见表4-13。

表 4-13 清单工程量计算表

序号	项目编码	项目名称	项目特征描述	计量单位	工程量
1	030703006001	泡沫发生器	电动机式,BGP-200	台	1
2	030703007001	泡沫比例混合器	管线式负压比例混合器	台	1
3	030703008001	泡沫液贮罐	型号 PHF	台	1

(2)定额工程量。

①泡沫发生器,电动机式,BGP—200按定额7-183进行计算,基价87.81元,其中人工费71.29元,材料费12.15元,机械费4.37元。

②管线式负压比例混合器按定额7-194进行计算,基价19.59元,其中人工费13.24元,材料费6.35元。

【例3】 根据下列消防和自动喷淋灭火管道图(如图4-5所示)所给条件进行立项,并计算工程量。

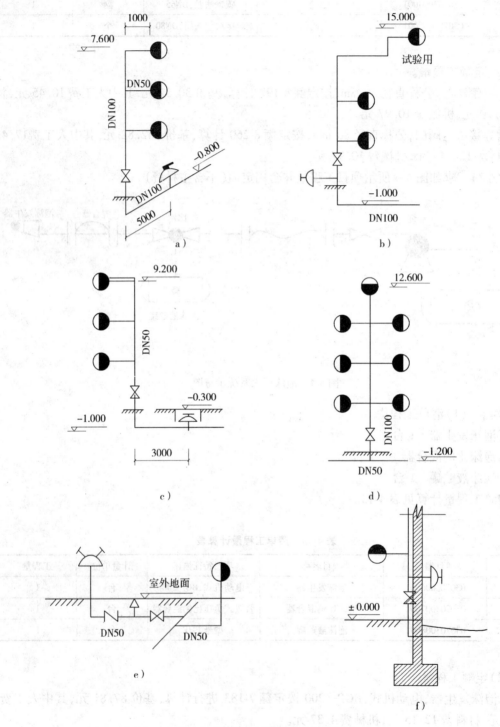

图4-5 消防和自动喷淋灭火管道图

第四章 泡沫灭火系统工程

【解】 图4-5a)、b)、c)、d)、e)、f)工程量计算结果分别见表4-14~表4-19。

表4-14 消防装置(图a)工程量计算表

序号	项目名称	单位	工程量	计算式
1	钢管焊接 DN100	10 m	1.34	0.8 + 7.6 + 5
2	镀锌管螺纹连接 DN50	10 m	0.3	1 × 3
3	焊接法兰阀 DN100	个	1	
4	地上式消防水泵接合器 DN50	套	1	
5	室内消火栓 DN50	套	3	
6	钢管除锈	10 m²	0.469	(3.14 × 0.1 × 13.4 + 3.14 × 0.5 × 3)/10
7	钢管刷底漆	10 m²	0.469	(3.14 × 0.1 × 13.4 + 3.14 × 0.5 × 3)/10
8	钢管刷面漆	10 m²	0.469	(3.14 × 0.1 × 13.4 + 3.14 × 0.5 × 3)/10
9	管道冲洗	100 m	0.016	(1.34 + 0.3)/10
10	管道沟土方	m³		
11	脚手架搭拆费	元		

注:钢管刷底漆、钢管刷面漆工程量同钢管除锈工程量。

表4-15 消防装置(图b)工程量计算表

编号	项目名称	单位	工程量	计算式
1	钢管焊接 DN100	10 m	1.6	(15 + 1)/10
2	焊接法兰阀 DN100	个	1	
3	壁装式消防水泵接合器	套	1	
4	室内消火栓 DN50	套	3	
5	钢管除锈	10 m²	0.50	(3.14 × 0.1 × 16)/10
6	钢管刷底漆	10 m²	0.50	(3.14 × 0.1 × 16)/10
7	钢管刷面漆	10 m²	0.50	(3.14 × 0.1 × 16)/10
8	管道冲洗	100 m	0.16	16/100
9	管道沟土方	m³		
10	脚手架搭拆费	元		

注:钢管刷底漆、钢管刷面漆工程量同钢管除锈工程量。

表4-16 消防装置(图c)工程量计算

序号	项目名称	单位	工程量	计算式
1	镀锌管螺纹连接 DN50	10 m	1.32	9.2 + 1 + 3
2	地下式消防水泵接合器 DN50	套	1	
3	螺纹阀 DN50	个	1	
4	室内消火栓 DN50	套	3	
5	管道冲洗	100 m	0.132	1.32/10

续表

序号	项目名称	单位	工程量	计算式
6	管道沟土方	m³		
7	脚手架搭拆费	元		
8	接合器井砌筑	m³	土建	

表4-17 消防装置(图d)工程量计算

序号	项目名称	单位	工程量	计算式
1	钢管焊接 DN100	10 m	1.38	12.6 + 1.2
2	焊接法兰阀 DN100	个	1	
3	室内消火栓 DN50	套	7	
4	钢管除锈	10 m²	0.433	3.14×0.1×13.8/10
5	钢管刷底漆	10 m²	0.433	3.14×0.1×13.8/10
6	钢管刷面漆	10 m²	0.433	3.14×0.1×13.8/10
7	管道冲洗	100 m	0.138	1.38/10
8	管道沟土方	m³		
9	脚手架搭拆费	元		

注:钢管刷底漆、钢管刷面漆工程量同钢管除锈工程量。

表4-18 消防装置(图e)工程量计算

序号	项目名称	单位	工程量
1	镀锌钢管螺纹连接 DN50	10 m	
2	室外地上式消火栓 DN50	套	1
3	地上式双出口消防水泵接合器 DN50	套	1
4	焊接法兰阀 DN50	个	1
5	焊接法兰止回阀 DN50	个	1
6	焊接法兰安全阀 DN50	个	1
7	管道冲洗	100 m	
8	管道沟土方	m³	
9	接合器井砌筑	m³	土建

表4-19 消防装置(图f)工程量计算

序号	项目名称	单位	工程量
1	管安装	10 m	
2	阀安装	个	1
3	室内消火栓	套	1

(续)

序号	项目名称	单位	工程量
4	壁装式消防水泵接合器	套	1
5	管道沟挖土方	m³	
6	管道冲洗	100 m	
7	脚手架搭拆费	元	

清单工程量计算分别见表4-20~表4-25。

表4-20 消防装置(图a)清单工程量计算表

序号	项目编码	项目名称	项目特征描述	计量单位	工程量
1	030701001001	水喷淋镀锌钢管	焊接钢管DN100	m	13.4
2	030701001002	水喷淋镀锌钢管	镀锌管螺纹连接DN50	m	3
3	030701007001	法兰阀门	焊接法兰阀DN100	个	1
4	030701019001	消防水泵接合器	地上式,DN50	套	1
5	030701018001	消火栓	室内,DN50	套	3

表4-21 消防装置(图b)清单工程量计算表

序号	项目编码	项目名称	项目特征描述	计量单位	工程量
1	030701001001	水喷淋镀锌钢管	钢管焊接DN100	m	16
2	030701007001	法兰阀门	焊接法兰阀DN100	个	1
3	030701019001	消防水泵接合器	壁装式	套	1
4	030701018001	消火栓	室内,DN50	套	1

表4-22 消防装置(图c)清单工程量计算表

序号	项目编码	项目名称	项目特征描述	计量单位	工程量
1	030701001001	水喷淋镀锌钢管	镀锌管螺纹连接DN50	m	13.2
2	030701019001	消防水泵接合器	地下式,DN50	套	1
3	030701005001	螺纹阀门	螺纹阀DN50	个	1
4	030701018001	消火栓	室内,DN50	套	3

表4-23 消防装置(图d)清单工程量计算表

序号	项目编码	项目名称	项目特征描述	计量单位	工程量
1	030701001001	水喷淋镀锌钢管	钢管焊接,DN100	m	13.8
2	030701007001	法兰阀门	焊接法兰阀,DN100	个	1
3	030701018001	消火栓	室内,DN50	套	7

表 4-24 消防装置(图 e)清单工程量计算表

序号	项目编码	项目名称	项目特征描述	计量单位	工程量
1	030701001001	水喷淋镀锌钢管	镀锌管螺纹连接 DN50	m	1
2	030701018001	消火栓	室外地上式,DN50	套	1
3	030701019001	消防水泵接合器	地上式,双出口,DN50	套	1
4	030701007001	法兰阀门	焊接法兰阀,DN50	个	1
5	030701007002	法兰阀门	焊接法兰止回阀,DN50	个	1
6	030701007003	法兰阀门	焊接法兰安全阀,DN50	个	1

表 4-25 消防装置(图 f)清单工程量计算表

序号	项目编码	项目名称	项目特征描述	计量单位	工程量
1	030701007001	法兰阀门	焊接法兰阀	个	1
2	030701019001	消防水泵接合器	壁装式	套	1
3	030701018001	消火栓	室内	套	1

【例 4】 图 4-6 所示为某加油站区泡沫灭火系统。其共有 6 个储油罐,用泡沫进行灭火,有 2 个 5 000 m³ 的消防水池作为消防贮存水用,泡沫比例混合器之前采用不锈钢管道连接,泡沫比例混合器与油罐之间的部分采用碳钢管连接。试计算工程量并套用定额(不含主材费)与清单。

【解】 (1)泡沫灭火系统工程量。

①DN150 不锈钢管

$(5+2+1+1.5\times2+15)\text{m}=26\text{ m}$

②DN100 不锈钢管 4.5 m

③DN100 碳钢管 $(2+4)\text{m}=6\text{m}$

④DN80 碳钢管

$(3\times2+7.5\times2+3)\text{m}=24\text{ m}$

⑤DN70 碳钢管 $3\times2\text{ m}=6\text{ m}$

⑥DN40 碳钢管 $4\times3\text{ m}=12\text{ m}$

⑦法兰阀门 DN150   1 个

截止阀 1 个

法兰阀门 DN100   2 个

⑧泡沫发生器 6 台

⑨泡沫比例混合器 1 台

⑩泡沫液贮罐 1 台

⑪水泵 1 台

⑫泡沫液泵 1 台

(2)泡沫灭火系统清单及定额:

①项目编码:030703002001   项目名称:不锈钢管

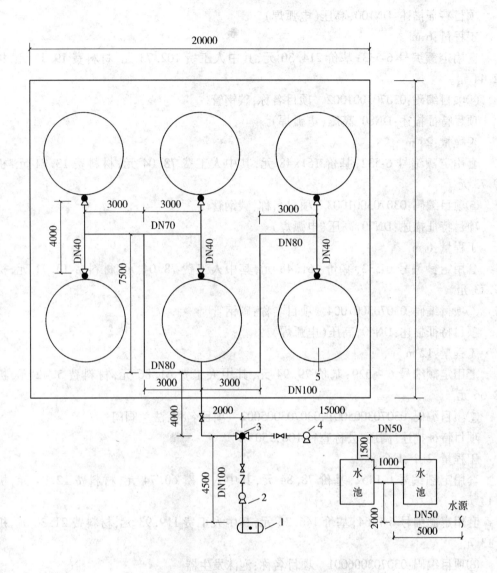

图 4-6 某加油站泡沫消防平面图
1—泡沫液贮罐 2—泡沫液泵 3—泡沫比例混合器 4—水泵 5—泡沫发生器

项目特征描述:DN150,高压(电弧焊)

工程量:26 m

套用定额编号 6-571;基价 453.11 元,其中人工费 157.04 元,材料费 146.52 元,机械费 149.55 元。

②项目编码:030703002002 项目名称:不锈钢管

项目特征描述:DN100,高压(电弧焊)

工程量:4.5 m

套用定额编号 6-569;基价 285.26 元,其中人工费 129.68 元,材料费 58.89 元,机械费 96.69 元。

③项目编码:030703001001 项目名称:碳钢管

项目特征描述:DN100,高压(电弧焊)

工程量:6 m

套用定额编号 6-533;基价 214.30 元,其中人工费 102.73 元,材料费 19.13 元,机械费 92.44 元。

④项目编码:030703001002　项目名称:碳钢管

项目特征描述:DN80,高压(电弧焊)

工程量:24 m

套用定额编号 6-532;基价 161.48 元,其中人工费 78.04 元,材料费 13.71 元,机械费 69.73 元。

⑤项目编码:030703001003　项目名称:碳钢管

项目特征描述:DN70,高压(电弧焊)

工程量:6 m

套用定额编号 6-532;基价 161.48 元,其中人工费 78.04 元,材料费 13.71 元,机械费 69.73 元。

⑥项目编码:030703001004　项目名称:碳钢管

项目特征描述:DN40,高压(电弧焊)

工程量:12 m

套用定额编号 6-529;基价 79.94 元,其中人工费 61.86 元,材料费 5.42 元,机械费 12.66 元。

⑦项目编码:030703005001,030703005002　项目名称:法兰阀门

项目特征描述:高压,公称直径 100,150

工程量:2 个,1 个

套用定额编号 6-1462;基价 78.84 元,其中人工费 60.74 元,材料费 12.97 元,机械费 5.13 元。

套用定额编号 6-1464;基价 146.36 元,其中人工费 119.93 元,材料费 21.30 元,机械费 5.13 元。

⑧项目编码:030703006001　项目名称:泡沫发生器

项目特征描述:电动机式 PF20

工程量:6 台

套用定额编号 7-183;基价 87.81 元,其中人工费 71.29 元,材料费 12.15 元,机械费 4.37 元。

⑨项目编码:030703007001　项目名称:泡沫比例混合器

项目特征描述:平衡压力式比例混合器,型号 PHP40

工程量:1 台

套用定额编号 7-189;基价 130.15 元,其中人工费 78.48 元,材料费 38.10 元,机械费 13.57 元。

⑩项目编码:030703008001　项目名称:泡沫液贮罐

项目特征描述:不锈钢罐 5 000 m^3

工程量:1 台

套用定额编号 5-1699；基价 1439.45 元，其中人工费 382.43 元，材料费 652.87 元，机械费 404.15 元。

清单工程量计算见表 4-26。

表 4-26　清单工程量计算表

序号	项目编码	项目名称	项目特征描述	计量单位	工程量
1	030703002001	不锈钢管	DN150,高压(电弧焊)	m	26
2	030703002002	不锈钢管	DN100,高压(电弧焊)	m	4.5
3	030703001001	碳钢管	DN100,高压(电弧焊)	m	6
4	030703001002	碳钢管	DN80,高压(电弧焊)	m	24
5	030703001003	碳钢管	DN70,高压(电弧焊)	m	6
6	030703001004	碳钢管	DN40,高压(电弧焊)	m	12
7	030703005001	法兰阀门	高压,DN100	个	2
8	030703005002	法兰阀门	高压,DN150	个	1
9	030703006001	泡沫发生器	电动机式 PF20	台	6
10	030703007001	泡沫比例混合器	平衡压力式比例混合器,型号 PHP40	台	1
11	030703008001	泡沫液贮罐	不锈钢罐 5 000 m³	台	1

定额工程量计算见表 4-27。

表 4-27　定额工程量计算表

序号	定额编号	分部分项工程名称	定额单位	工程量	人工费/元	材料费/元	机械费/元
1	6-571	不锈钢管(电弧焊),DN150	10 m	2.6	157.04	146.52	149.55
2	6-569	不锈钢管(电弧焊),DN100	10 m	0.45	129.68	58.89	96.69
3	6-533	碳钢管(电弧焊),DN100	10 m	0.6	102.73	19.13	92.44
4	6-532	碳钢管(电弧焊),DN80	10 m	2.4	78.04	13.71	69.73
5	6-532	碳钢管(电弧焊),DN70	10 m	0.6	78.04	13.71	69.73
6	6-529	碳钢管(电弧焊),DN40	10 m	1.2	61.86	5.42	12.66
7	6-1462	法兰阀门,高压,DN100	个	2	60.74	12.97	5.13
8	6-1464	法兰阀门,高压,DN150	个	1	119.93	21.30	5.13
9	7-183	泡沫比例混合器安装(发生器)	台	6	71.29	12.15	4.37
10	7-189	泡沫比例混合器安装,PHP40	台	1	78.48	38.10	13.57
11	5-1699	不锈钢泡沫贮液罐	台	1	382.43	652.87	404.15

注：1. 未计算泡沫喷淋系统管道支吊架安装；
2. 未计算消防泵等机械设备安装及二次灌浆；
3. 未计算设备支架制作安装；
4. 未计算除锈、刷油、保温等项目；
5. 泡沫灭火系统调试应按标准施工方案另行计算。

第五章 火灾自动报警系统和消防系统调试工程

第一节 火灾自动报警系统和消防系统调试工程造价简述

火灾自动报警系统是用于尽早控制初期火灾并发出警报以便采取相应的措施(例如:疏散人员,呼叫消防队,启动灭火系统,操作防火门、防火卷帘、防烟和排烟风机等)的系统。

火灾自动报警系统包含:报警设备、通信设备、广播、灭火设备、消防联动设备、避难设备等。

报警设备包括:火灾自动报警控制器、火灾探测器、手动报警按钮、紧急报警设备。

通信设备包括:应急通信设备、对讲电话、应急电话等。

广播有:火灾事故广播设备。

灭火设备包括:喷水灭火系统的控制,室内消火栓灭火系统的控制,泡沫、卤代烷、二氧化碳等,管网灭火系统的控制等。

消防联动设备包括:防火门、防火卷帘门的控制,防排烟风机、排烟阀的控制,空调、通风设施的紧急停止,电梯控制监视。

避难设施包括:应急照明装置和诱导灯。

简单的火灾报警系统由火灾探测器、手动报警按钮、火灾警报装置、主电源和备用电源等组成。复杂的火灾报警系统是集火灾报警、消防设施的联动控制与其他设备监视于一体的多功能火灾自动报警系统。

火灾自动报警系统中除火灾探测器、火灾报警控制器和电源是系统必备的组件或设备外,系统还经常采用下列有关的组件和辅助装置,如手动火灾报警按钮、水流指示器、火灾警报装置(警铃、电笛、蜂鸣器、楼层显示器等)、接口、火警和故障发送装置、自动消防设备控制装置、中继器(远距传输、放大驱动或隔离)、隔离器、辅助指示装置(模拟显示盘、辅助指示灯、疏散指示灯等)及区域显示器(复示盘)等。

在工程中,应用最广泛的火灾自动报警系统有:区域报警系统、集中报警系统、控制中心报警系统三种。

区域报警系统中一个报警区域宜设置一台区域报警控制器,但系统中区域报警控制器不应超过3台。当报警区域较多或区域报警控制器超过3台时,宜采用集中报警系统。集中报警系统至少有一台集中报警控制器和两台以上区域报警控制器,而控制中心报警系统一般在工程建筑规模大、保护对象重要、设有消防控制设备和专用消防控制室时采用。

为了使火灾发生时自动报警联动控制系统正常运行工作,不仅要设计合理,还要确保其正确安装、操作与维护,否则,不管设备如何先进、设计如何完善,如果安装不合理,操作、管理不当,都会影响系统的正常运营,因此,在建筑内部装修和系统安装结束时,应进行消防系统的调试,以确保各环节能正常工作。

消防系统调试包括自动报警系统调试,水灭火系统控制装置调试,火灾事故广播、消防通信、消防电梯系统装置调试,电动防火门、防火卷帘门、正压送风阀、排烟阀、防火阀控制系统装置调试,气体灭火系统装置调试等项目。

在调试开通前要做好全面检查工作,主要包含以下几方面:

(1)按设计图纸和有关规范的布线要求,检查系统的每个回路,对于错线、开路、虚焊和短路等情况要及时进行处理,注意检测各种导线的绝缘状况。

(2)按照地址编码把所有将要调试的探测器装到底座上。

(3)检查所有的手动报警按钮、消防栓按钮、警铃和喇叭的安装接线是否符合要求,有无损坏和丢失。

(4)检查中继器的安装接线情况是否与产品说明书及图纸相符。

(5)检查所有水流指示器的安装是否符合设计图纸及规范要求,水流方向是否正确。

(6)检查每个回路的短路隔离器是否已全部装上,其电阻值是否在允许偏差之内。

(7)检查消防电源的连接是否符合要求,供电情况是否稳定,电压是否达到要求,主电源和备用电源是否能够自动切换。

第二节 重要名词及相关数据公式精选

一、重要名词精选

1. 点型感烟探测器

点型感烟探测器是对警戒范围中某一点周围的烟密度升高响应的火灾探测器。根据其工作原理不同,可分为离子感烟探测器和光电感烟探测器。点型、感烟探测器的安装如图5-1所示。

2. 点型感温探测器

点型感温探测器是对警戒范围中某一点周围的温度升高响应的探测器。根据其工作原理不同,可分为定温探测器和差温探测器。这种探测器的安装如图5-1所示。

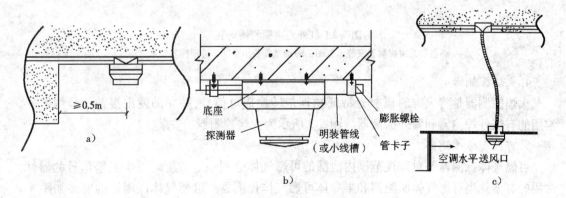

图5-1 点型感温、感烟探测器安装
a)感温、感烟探测器顶板下安装 b)感温、感烟探测器吊顶下安装
c)感温、感烟探测器顶板下明配管安装

3. 红外光束探测器

红外光束探测器是将火灾的烟雾特征物理量转化为对光束的影响,最终转换成电信号输出的,并立即发出报警信号的器件。这种探测器由光束发射器和接收器组成,如图5-2所示。

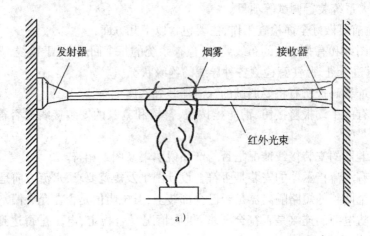

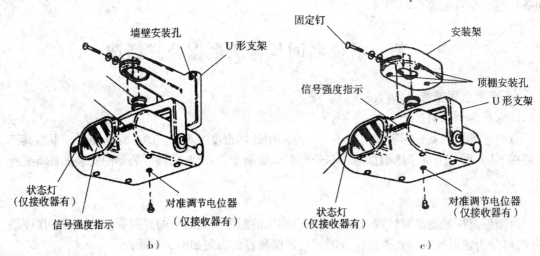

图5-2 红外光束探测器安装

a) 红外光束探测器安装示意图 b) 墙壁安装示意图 c) 顶棚安装示意图

4. 火焰探测器

火焰探测器是将火灾的辐射光特征物理量转换成电信号,并立即发出报警信号的器件。常用的有红外探测器和紫外探测器。图5-3所示为火焰控测器的安装。

5. 可燃气体探测器

可燃气体探测器是对监视范围内泄漏的可燃气体达到一定浓度时发出报警信号的器件,常用的有催化型可燃气体探测器和半导体可燃气体探测器。可燃气体探测器的安装如图5-4所示。

6. 线型探测器

线型探测器是温度达到定值时,利用两根载流导线间的热敏绝缘物熔化使两根导线接触

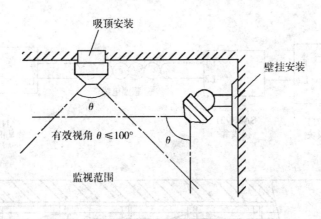

图 5-3　火焰探测器的安装

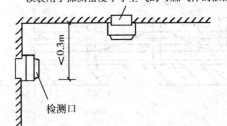
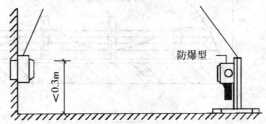

图 5-4　可燃气体探测器安装

而动作的火灾探测器。线型探测器的安装如图 5-5 所示。

7. 按钮

按钮是用手动方式发出火灾报警信号,且可确认火灾的发生以及启动灭火装置的器件。按钮安装如图 5-6 所示。

8. 控制模块(接口)

控制模块是在总线制消防联动系统中用于现场消防设备与联动控制器间传递动作信号和动作命令的器件。

9. 报警接口

报警接口是在总线制消防联动系统中配接于探测器与报警控制器间,向报警控制器传递火警信号的器件。

10. 报警控制器

报警控制器是能为火灾探测器供电,并且能够接收、显示和传递火灾报警信号的报警装置。报警控制器如图 5-7 所示。

11. 联动控制器

联动控制器是能接收由报警控制器传递来的报警信号,并对自动消防等装置发出控制信号的装置。

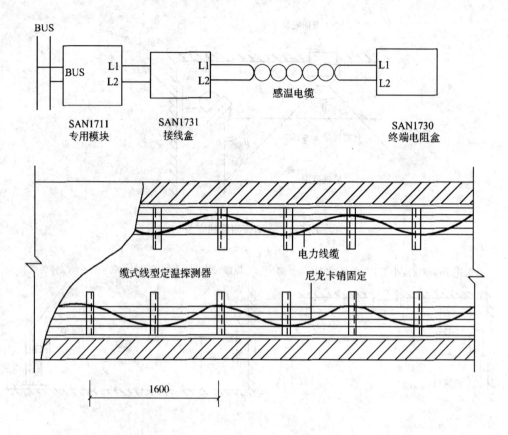

图 5-5 线型定温探测器安装图

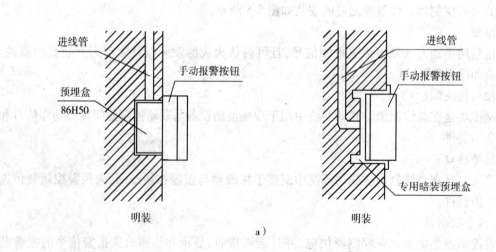

图 5-6 按钮安装示意图
a) 手动报警按钮安装

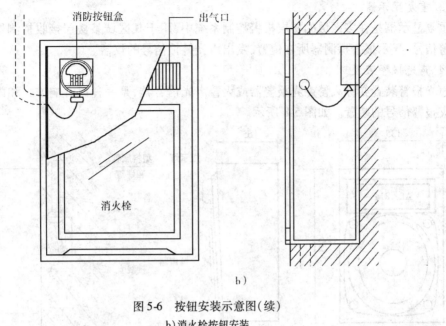

图 5-6 按钮安装示意图(续)
b)消火栓按钮安装

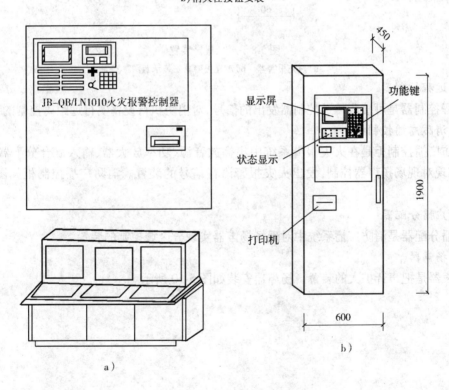

图 5-7 报警控制器
a)琴台式控制器 b)柜式控制器

12. 报警联动一体机

报警联动一体机是既能对火灾探测器供电、接收、显示和传递火灾报警信号,又能对自动消防灭火等装置发出控制信号的装置。

13. 重复显示器

重复显示器是在多区域的楼层报警控制系统中,用于某区域某楼层接收探测器发出的火灾报警信号,显示报警探测器所在位置,发出声光警报信号的仪器。

14. 声光报警装置

声光报警装置亦称火警声光报警器或火警声光信号器,是一种以音响方式和闪光方式发出火灾报警信号的装置。如图5-8所示。

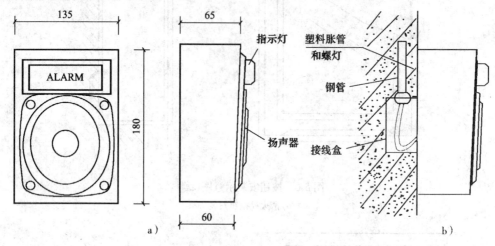

图5-8 声光报警装置
a)声光报警器 b)声光报警器安装示意图

15. 远程控制器

远程控制器是可接收传送控制器发出的信号,对消防执行设备实行远距离控制的装置。

16. 消防广播控制柜

消防广播控制柜是在火灾报警系统中集播放音源、功率放大器、输入混合分配器等于一体,可实现对现场扬声器控制,发出火灾报警语音信号的装置。消防广播控制柜如图5-9所示。

17. 广播分配器

广播分配器是消防广播系统中对现场扬声器实现分区域控制的装置。

18. 扬声器

扬声器是把声音扩大的装置。扬声器安装如图5-10所示。

第五章 火灾自动报警系统和消防系统调试工程

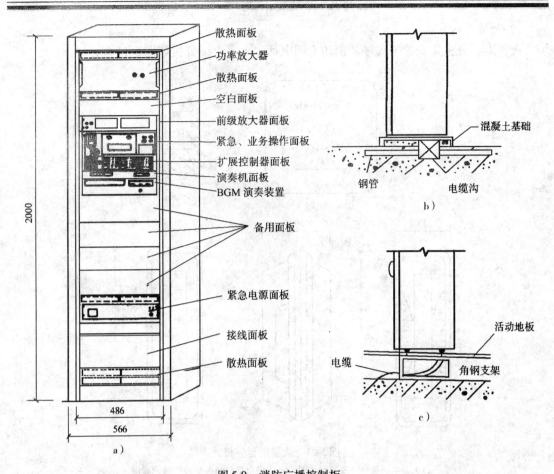

图 5-9 消防广播控制柜
a)消防广播控制柜 b)消防广播控制柜安装示意图1 c)消防广播控制柜安装示意图2

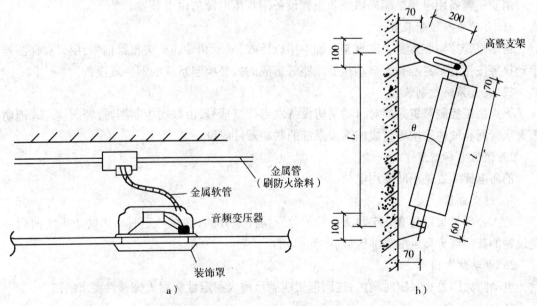

图 5-10 扬声器安装
a)吸顶扬声器安装示意图 b)壁挂式音箱安装示意图

19. 火警电话分机

火警电话分机是安置于现场的消防专用电话。火警电话分机如图 5-11 所示。

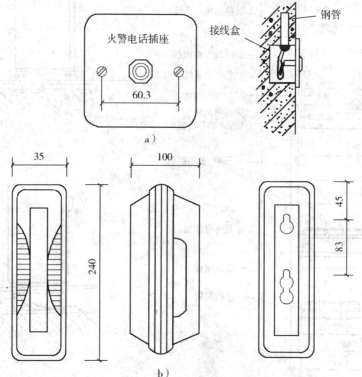

图 5-11　火警电话分机
a) 火警电话插座及安装示意图　b) 火警电话分机外形及安装示意图

20. 消防报警备用电源

消防报警备用电源是能提供消防报警设备用直流电源的供电装置。

21. 自动报警控制装置

自动报警控制装置是火灾报警系统中用以接收、显示和传递火灾报警信号,由火灾探测器、手动报警按钮、报警控制器、自动报警线路等组成的报警控制系统的器件或设备。

22. 灭火系统控制装置

灭火系统控制装置是能对自动消防设备发出控制信号,由联动控制器、报警阀、喷头、消防灭火水管网和气体管网等组成的灭火系统的联动器件或设备。

23. 消防电梯装置

消防电梯装置是消防专用电梯。

24. 防火分区

防火分区是采用具有一定耐火性能的分隔构件划分的,能在一定时间内防止火灾向同一建筑物的其他部分蔓延的局部区域(空间单元)。

25. 电动防火门

电动防火门是在一定时间内,连同框架能满足耐火稳定性和耐火完整性要求的门。

26. 防火卷帘

防火卷帘是一种活动的防火分隔物,一般是用钢板等金属板材,以扣环或铰接的方法组成可以卷绕的链状平面,平时卷起放在门窗上口的转轴箱中,起火时将其放下展开,用以阻止火势从门窗洞口蔓延。

27. 入侵报警

入侵报警是用来探测入侵者的移动或其他行动的报警。

28. 入侵探测器

入侵探测器是用来探测入侵行为的器材,用来探测入侵者移动或其他活动体的装置。

29. 入侵报警控制器

入侵报警控制器是能直接或间接接收来自入侵探测器发生的报警信号,发出声光报警,并能指示入侵发生的部位。

30. 报警信号传输

报警信号传输是把探测器中的探测信号传输到控制器的装置。

31. 集中报警控制器

集中报警控制器是接受区域报警控制器(或相当于区域报警控制器的其他装置)发来的报警信号的多路火灾报警控制器。

32. 数字万用电表

数字万用电表简称万用表,是一种多量限、用途广的电工测量仪表。一般万用表可用来测量直流电流、直流电压、交流电压、电阻和音频等量。

33. 无线报警探测器

无线报警探测器是通过无线方式传送报警信号的探测器。

34. 消防系统调试

消防系统调试是指一个单位工程的消防工程全系统安装完毕且连通,为检验其是否达到消防验收规范标准所进行的全系统的检测、调试和试验。

二、重要数据精选

火灾自动报警系统和消防系统调试工程常用数据见表 5-1 ~ 表 5-6。

表 5-1 感温感烟探测器的保护面积和保护半径

火灾探测器的种类	地面面积 S /m²	房间高度 h /m	探测器的保护面积 A 和保护半径 R					
			房顶坡度 θ					
			$\theta \leq 15°$		$15° < \theta \leq 30°$		$\theta > 30°$	
			A /m²	R /m	A /m²	R /m	A /m²	R /m
感温探测器	$S \leq 30$	$h \leq 8$	30	4.4	30	4.9	30	5.5
	$S > 30$	$h \leq 8$	20	3.6	30	4.9	40	6.3
感烟探测器	$S \leq 80$	$h \leq 12$	80	6.7	80	7.2	80	8.0
	$S > 80$	$6 < h \leq 12$	80	6.7	100	8.0	120	9.9
		$h \leq 6$	60	5.8	80	7.2	100	9.0

表5-2 感烟探测器下表面距顶棚(或屋顶)的距离

探测器的安装高度 h /m	感烟探测器下表面距顶棚(或屋顶)的距离 d/mm					
	顶棚(或屋顶)坡顶 θ					
	θ≤15°		15°<θ≤30°		θ≤30°	
	最小	最大	最小	最大	最小	最大
h≤6	30	200	200	300	300	500
6<h≤8	70	250	250	400	400	600
8<h≤10	100	300	300	500	500	700
10<h≤12	150	350	350	600	600	800

表5-3 根据房间高度选择探测器

房间高度 h/m	感烟探测器	感温探测器			火焰探测器
		一级	二级	三级	
12<h≤20	不适合	不适合	不适合	不适合	适合
8<h≤12	适合	不适合	不适合	不适合	适合
6<h≤8	适合	适合	不适合	不适合	适合
4<h≤6	适合	适合	适合	不适合	适合
h≤4	适合	适合	适合	适合	适合

表5-4 火灾应急照明供电时间、照度及场所举例

名称	供电时间	照度	场所举例
火灾疏散标志照明	不少于20min	最低不应低于0.5lx	电梯轿箱内、消火栓处、自动扶梯安全出口、台阶处、疏散走廊、室内通道、公共出口
暂时继续工作的备用照明	不少于1h	不少于正常照度的50%	人员密集场所,如展览厅、多功能厅、餐厅、营业厅和危险场所、避难层等
继续工作的备用照明	连续	不少于正常照明的照度	配电室、消防控制室、消防泵房、发电机室、蓄电池室、火灾广播室、电话站、BAS中控室以及其他重要房间

表5-5 消防应急标志和照明灯面板尺寸选用表

灯型	文字标志尺寸(mm)		面板尺寸(mm)		笔画宽(mm)	视距(mm)
	A	B	A	B	E	
特大型	270	按设计要求	380	>1000	32	≥36
大型	185		270	>500	22	27
中型	125		185	>350	15	18
小型	85		125	≤350	10	12

表 5-6 各类消防应急灯主要特点一览表

应急灯类别	光源功率范围	光效	光源平均寿命(h)	主要特点
白炽灯式	一般为 6~200W	低	1000	1. 中小功率,光效较低 2. 结构简单,价格便宜 3. 冷态起动,易烧毁灯丝
卤素灯式	一般为 10~1000W	高	1500	1. 功率较大,光效比白炽灯高 2. 投射光强,易产生直射眩光
荧光灯式	一般为 6~40W	高	2000~5000	1. 光色柔和悦目,光效较高 2. 结构复杂,价格较高
电致发光板	一般为 $5mW/cm^2$	较低	15000	1. 光色柔和 2. 功耗低,亮度低,不宜作照明光源用 3. 光源与标志板一体化寿命到期时,换用光源需特制

三、重要公式精选

(1) 以二线制区域报警控制器为例,其输入导线总数可由下式确定:

$$N = n + 1$$

式中 N——区域报警控制器输入导线总数(根);

n——本区域探测部位数;

1——公共电源线,+24 V。

(2) 区域报警控制器输出导线:

$$N = 10 + n/10 + 4 \quad (根)$$

式中 N——输出导线总数(根);

10——与集中报警控制器连接的火警信号线数,每个数码管负责显示五个部位;

$n/10$——巡检分组线数(取整数);

n——报警回路线;

4——层巡线、故障线、地线与总检线各一根。

(3) 集中报警控制器的输入线总数:

$$N = 10 + n/10 + m + 3$$

式中 N——输入线总数(根);

10——区域报警控制器与集中报警控制器之间的火警信号线数,每个数码管负责显示五个部位;

$n/10$——巡检分组线数;

m——层巡(层号)线,通常每层楼设置一台区域报警控制器,控制器台数即为层巡线数;

3——故障信号线、总检线及地线各一根。

(4) 探测区域内的每个房间应至少设置一只火灾探测器,一个探测区域内所需设置的探测器数量,按下式计算:

$$N \geqslant \frac{S}{KA}$$

式中　N——一个探测区域内所需设置的探测器数量(只),取整数;

　　　S——一个探测区域的面积(m^2);

　　　K——修正系数,重点保护的建筑取 0.7~0.9,非重点保护的建筑取 1.0;

　　　A——一个探测器的保护面积(m^2)。

第三节　工程定额及工程规范精汇

一、火灾自动报警系统和消防系统调试定额工程量计算规则

(1)线形探测器的安装方式按环绕、正弦及直线综合考虑,不分线制及保护形式,以"10m"为计量单位。定额中未包括探测器连接的一只模块和终端,其工程量应按相应定额另行计算。

(2)点型探测器按线制的不同分为多线制与总线制,不分规格、型号、安装方式与位置,以"只"为计量单位。探测器安装包括探头和底座的安装及本体调试。

(3)红外线探测器以"对"为计量单位。红外线探测器是成对使用的,在计算时一对为两只。定额中包括了探头支架安装和探测器的调试、对中。

(4)火焰探测器、可燃气体探测器按线制的不同分为多线制与总线制两种,计算时不分规格、型号,安装方式与位置,以"只"为计量单位。探测器安装包括了探头和底座的安装及本体调试。

(5)按钮包括消火栓按钮、手动报警按钮、气体灭火起/停按钮,以"只"为计量单位,按照在轻质墙体和硬质墙体上安装两种方式综合考虑,执行时不得因安装方式不同而调整。

(6)报警模块(接口)不起控制作用,只能起监视、报警作用,执行时不分安装方式,以"只"为计量单位。

(7)重复显示器(楼层显示器)不分规格、型号、安装方式,按总线制与多线制划分,以"台"为计量单位。

(8)警报装置分为声光报警和警铃报警两种形式,均以"只"为计量单位。

(9)远程控制器按其控制回路数以"台"为计量单位。

(10)消防广播控制柜是指安装成套消防广播设备的成品机柜,不分规格、型号以"台"为计量单位。

(11)火灾事故广播中的扬声器不分规格、型号,按照吸顶式与壁挂式以"只"为计量单位。

(12)消防通信系统中的电话交换机按"门"数不同以"台"为计量单位;通信分机、插孔是指消防专用电话分机与电话插孔,不分安装方式,分别以"部"、"个"为计量单位。

(13)消防系统调试包括:自动报警系统、水灭火系统、火灾事故广播、消防通信系统、消防电梯系统、电动防火门、防火卷帘门、正压送风阀、排烟阀、防火阀控制装置、气体灭火系统装置。

(14)自动报警系统包括各种探测器、报警按钮、报警控制器组成的报警系统,分别不同点数以"系统"为计量单位,其点数按多线制与总线制报警器的点数计算。

(15)水灭火系统控制装置按照不同点数以"系统"为计量单位,其点数按多线制与总线制

联动控制器的点数计算。

(16)火灾事故广播、消防通信系统中的消防广播喇叭、音箱和消防通信的电话分机、电话插孔,按其数量以"10只"为计量单位。

(17)消防用电梯与控制中心间的控制调试以"部"为计量单位。

(18)电动防火门、防火卷帘门指可由消防控制中心显示与控制的电动防火门、防火卷帘门,以"10处"为计量单位,每樘为一处。

(19)正压送风阀、排烟阀、防火阀以"10处"为计量单位,一个阀为一处。

(20)气体灭火系统装置调试包括模拟喷气试验、备用灭火器贮存容器切换操作试验,按试验容器的规格(L),分别以"个"为计量单位。试验容器的数量包括系统调试、检测和验收所消耗的试验容器的总数,试验介质不同时可以换算。

二、火灾自动报警系统和消防系统调试工程清单规范

(1)火灾自动报警系统,其工程量清单项目设置及工程量计算规则,应按表5-7的规定执行。

表5-7 火灾自动报警系统(编码:030705)

项目编码	项目名称	项目特征	计量单位	工程量计算规则	工程内容
030705001	点型探测器	1.名称 2.多线制 3.总线制 4.类型	只	按设计图示数量计算	1.探头安装 2.底座安装 3.校接线 4.探测器调试
030705002	线型探测器	安装方式	m		1.探测器安装 2.控制模块安装 3.报警终端安装 4.校接线 5.系统调试
030705003	按钮	规格	只		1.安装 2.校接线 3.调试
030705004	模块 (接口)	1.名称 2.输出形式			1.安装 2.调试
030705005	报警控制器	1.多线制		按设计图示数量计算	1.本体安装 2.消除报警备用电源 3.校接线 4.调试
030705006	联动控制器	2.总线制			
030705007	报警联动 一体机	3.安装方式 4.控制点数量	台		
030705008	重复显示器	1.多线制 2.总线制			1.安装 2.调试
030705009	报警装置	形式			
030705010	远程控制器	控制回路			

(2)消防系统调试,其工程量清单项目设置及工程量计算规则,应按表5-8的规定执行。

表 5-8 消防系统调试（编码：030706）

项目编码	项目名称	项目特征	计量单位	工程量计算规则	工程内容
030706001	自动报警系统装置调试	点数	系统	按设计图示数量计算（由探测器、报警按钮、报警控制器组成的报警系统，点数按多线制、总线制报警器的点数计算）	系统装置调试
030706002	水灭火系统控制装置调试			按设计图示数量计算（由消火栓、自动喷水、卤代烷、二氧化碳等灭火系统组成的灭火系统装置，点数按多线制、总线制联动控制器的点数计算）	
030706003	防火控制系统装置调试	1.名称 2.类型	处	按设计图示数量计算（包括电动防火门、防火卷帘门、正压送风阀、排烟阀、防火控制阀）	
030706004	气体灭火系统装置调试	试验容器规格	个	按调试、检验和验收所消耗的试验容器总数计算	1.模拟喷气试验 2.备用灭火器贮存容器切换操作试验

第四节 工程造价编制注意事项

（1）火灾自动报警系统安装包括探测器、按钮、模块（接口）、报警控制器、联动控制器、报警联动一体机、重复显示器、警报装置、远程控制器、火灾事故广播、消防通信、报警备用电源安装等项目。

（2）火灾自动报警系统安装定额中均包括了校线、接线和本体调试。

（3）火灾自动报警系统安装定额中箱、机是以成套装置编制的，柜式及琴台式安装均执行落地式安装相应项目。

（4）火灾自动报警系统安装定额包括以下工作内容。

①施工技术准备、施工机械准备、标准仪器准备、施工安全防护措施、安装位置的清理。

②设备和箱、机及元件的搬运，开箱检查，清点，杂物回收，安装就位，接地，密封，箱、机内的校线、接线，挂锡，编码，测试，清洗，记录整理等。

（5）火灾自动报警系统安装定额不包括以下工作内容：

①设备支架、底座、基础的制作与安装；

②构件加工、制作；

③电机检查、接线及调试；

④事故照明及疏散指示控制装置安装；

⑤CRT 彩色显示装置安装。

（6）消防系统调试定额包括自动报警系统装置调试，水灭火系统控制装置调试，火灾事故

第五章 火灾自动报警系统和消防系统调试工程

广播、消防通信、消防电梯系统装置调试,电动防火门、防火卷帘门、正压送风阀、排烟阀、防火阀控制系统装置调试,气体灭火系统装置调试等项目。

(7)系统调试是指消防报警和灭火系统安装完毕且联通,并达到国家有关消防施工验收规范、标准所进行的全系统的检测、调整和试验。

(8)自动报警系统装置包括各种探测器、手动报警按钮和报警控制器,灭火系统控制装置包括消火栓、自动喷水、卤代烷、二氧化碳等固定灭火系统的控制装置。

(9)气体灭火系统调试试验时采取的安全措施,应按施工组织设计另行计算。

第五节 工程量清单编制注意事项

(1)火灾自动报警系统主要包括探测器、按钮、模块(接口)、报警控制器、联动控制器、报警联动一体机、重复显示器、报警装置(指声光报警及警铃报警)、远程控制器等,并按安装方式、控制点数量、控制回路、输出形式、多线制、总线制等不同特征列项。编列清单项目时,应明确描述上述特征。

(2)需要说明的问题有以下几点。

①火灾自动报警系统分为多线制和总线制两种形式。多线制为系统间信号按各自回路进行传输的布线制式,总线制为系统间信号按无限性两根线进行传输的布线制式。

②报警控制器、联动控制器和报警联动一体机安装的工程内容的本体安装,应包括消防报警备用电源安装内容。

③消防通信项目工程量清单按《建设工程工程量清单计价规范》附录 C.11 规定编制工程量清单。

④火灾事故广播项目工程量清单按《建设工程工程量清单计价规范》附录 C.11 规定编制工程量清单。

(3)消防系统调试内容包括自动报警系统装置调试、水灭火系统控制装置调试、防火控制系统装置调试、气体灭火控制系统装置调试,并按点数、类型、名称、试验容器规格等不同特征设置清单项目。编制工程量清单时,必须明确描述各种特征,以便计价。

(4)各消防系统调试工作范围如下。

①自动报警系统装置调试为各种探测器、报警按钮、报警控制器,以系统为单位按不同点数编制工程量清单并计价。

②水灭火系统控制装置调试为水喷头、消火栓、消防水泵接合器、水流指示器、末端试水装置等,以系统为单位按不同点数编制工程量清单并计价。

③气体灭火控制系统装置调试由驱动瓶起始至气体喷头为止,包括进行模拟喷气试验和贮存容器的切换试验。调试按贮存容器的规格、容器的容量不同以个为单位计价。

④防火控制系统装置调试包括电动防火门、防火卷帘门、正压送风门、排压阀、防火阀等装置的调试,并按其特征以处为单位编制工程量清单项目。

第六节 工程造价实例精讲

【例1】 图 5-12 所示为一湿式喷水灭火系统示意图,其中湿式报警装置包括湿式阀、供水压力表、延时器、水力警铃、报警止阀、压力开关等(除湿式报警装置外,还有干湿两用报警装置、电动雨淋报警装置、预作用报警装置等。湿式报警装置的公称直径有 65 mm,80 mm,100 mm,150 mm,200 mm 等)。本湿式报警装置采用公称直径 150 mm。试计算工程量并套用定额(不含主材费)。

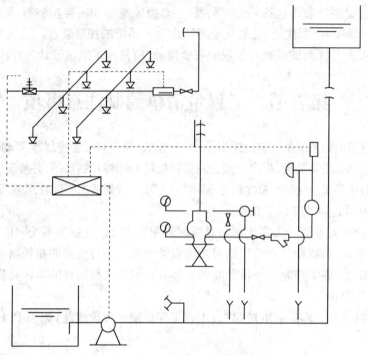

图 5-12 湿式喷水灭火系统局部图

【解】 (1)清单工程量。
湿式报警装置 1 组(如图 5-12 中所示)
清单工程量计算见表 5-9。

表 5-9 清单工程量计算表

项目编码	项目名称	项目特征描述	计量单位	工程量
030701012001	报警装置	湿式报警装置,公称直径 150 mm	组	1

(2)定额工程量。

湿式报警装置,公称直径为 150 mm,应采用定额 7-81 计算,基价 616.45 元,其中人工费 215.25 元,材料费 369.12 元,机械费 32.08 元。

【例2】 计算如图 5-13 所示系统调试工程量并套用定额(不含主材费)。

【解】 (1)清单工程量。

气体灭火系统装置调试 2 个

$20 \times 5 \times 3 \times 2 \times 34\% / 0.65 / 40 = 11$ 组

$11 \times 10\%$ 个 = 2 个

第五章 火灾自动报警系统和消防系统调试工程

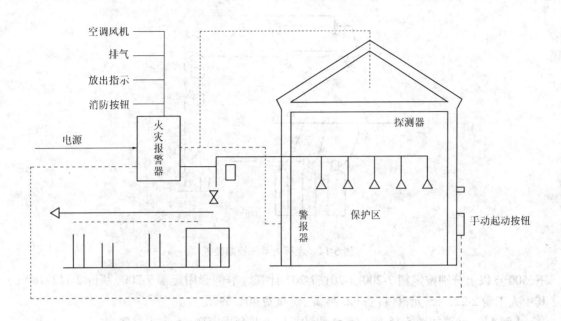

图 5-13 气体灭火系统图

(20×5×3 为保护区长宽高,即为二氧化碳容重,34% 为防护区可燃物的设计灭火浓度,0.65 为二氧化碳的充装率,40 为灭火器的贮存容量为 40L)

清单工程量计算见表 5-10。

表 5-10 清单工程量计算

项目编码	项目名称	项目特征描述	计量单位	工程量
030706004001	气体灭火系统装置调试	容器规格 40 L	个	2

(2)定额工程量。

气体灭火系统装置调试,试验容器规格为 40 L 的定额采用 7-208,基价 517.26 元,其中人工费 185.76 元,材料费 331.50 元。

【例 3】 计算如图 5-14 所示水灭火系统控制装置调试工程量并套用定额(不含主材费)。

【解】 (1)清单工程量。

水灭火系统控制装置调试系统 1 套

清单工程量计算见表 5-11。

表 5-11 清单工程量计算

项目编码	项目名称	项目特征描述	计量单位	工程量
030706002001	水灭火系统控制装置调试	如图所示	系统	1

(2)定额工程量。

水灭火系统控制装置调试,若多线制与总线制联动控制器的点数在 200 点以下、500 点以

107

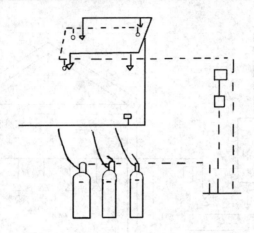

图 5-14 水灭火系统控制装置

下、500 点以上分别按定额 7-200、7-201、7-202 计算。本例套用定额 7-200,基价 2 717.18 元,其中人工费 2 223.55 元,材料费 92.24 元,机械费 401.39 元。

【例 4】 计算如图 5-15 所示系统调试工程量并套用定额(不含主材费)。

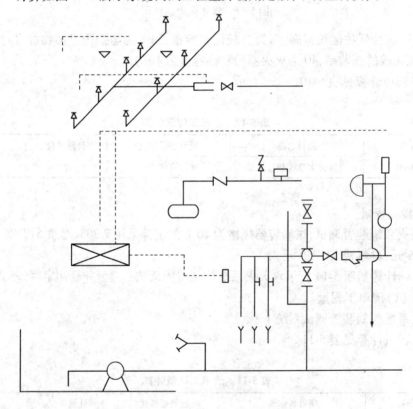

图 5-15 水灭火系统图

【解】 (1)清单工程量。

水灭火系统控制装置调试 1 个系统(图 5-15 所示,系统包括压水表、水流指示器、水力警铃、压力表、火灾探测器、水泵接合器等,为自动喷水系统里的预作用喷水灭火系统。)

清单工程量计算见表5-12。

表5-12 清单工程量计算

项目编码	项目名称	项目特征描述	计量单位	工程量
030706002001	水灭火系统控制装置调试	如图所示	系统	1

(2)定额工程量：

水灭火系统控制系统装置调试中，预作用喷水灭火系统按定额7-200进行计算。

注：1. 总线制是以火灾报警控制器为主机，采用单片微型计算机及其外围芯片构成CPU的控制系统，以时间分割与频率分割相结合实现信号的总线传输。在总线制火灾监控系统中，自动报警控制器与火灾探测器、联动装置及联锁装置之间的信号传输在两条线上进行。

2. 多线制"点"是指报警控制器所带报警器件（探测器、报警按钮等）的数量。总线制"点"是指报警控制器所带的有地址编码的报警器件（探测器、报警按钮、模块等）的数量，如果一个模块带有数个探测器，则只能计为一点。

图5-15的点数小于200，故采用定额7-200计算，基价2 717.18元，其中人工费2 223.55元，材料费92.24元，机械费401.39元。

【例5】 某商场珠宝首饰厅，层高4.5 m，吊顶高4 m。其火灾报警系统组成如图5-16所示。

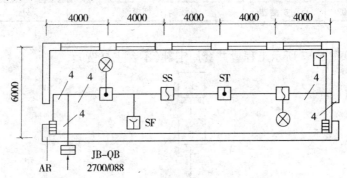

图5-16 首层火灾报警系统组成图

(1) AR板面尺寸520 mm×800 mm，挂式，安装高度1.5 m。
(2) 防火卷帘开关安装及消防按钮开关安装高度1.5 m。
(3) SS及ST和地址解码器全用四总线制，配BV—4×1线，穿PVC20管，暗敷设在吊顶内，试计算工程量、清单工程量、立项及工程造价。

【解】 工程量计算结果见表5-13。

表5-13 火灾报警系统安装工程量计算表

序号	项目名称	单位	工程量
1	火灾区域报警器	套	1
2	防火卷帘门开关安装	套	2
3	卷帘门开关暗箱	个	2
4	消防按钮安装	10个	0.2
5	按钮暗盒安装	10个	0.2

(续)

序号	项目名称	单位	工程量
6	感温探测器安装	10个	0.2
7	感烟探测器安装	10个	0.2
8	探测器显示灯	10套	0.2
9	PVC20管吊顶内明敷	10m	5.35
10	管内穿线 BV—1	100m	2.217
11	探测器及显示灯头盒安装	10个	0.6
12	接线盒安装	10个	0.9
13	塑料波纹管 $\phi 20$	10m	0.3

清单工程量计算见表 5-14。

表 5-14 清单工程量计算表

序号	项目编码	项目名称	项目特征描述	计量单位	工程量
1	030705003001	按钮	消防按钮	只	2
2	030705001001	点型探测器	总线制,感温探测器	只	2
3	030705001002	点型探测器	总线制,感烟探测器	只	2

【例6】 计算图 5-17 所示工程量并套用定额(不含主材费)。

图 5-17 自动报警系统装置示意图

【解】 (1)清单工程量。
自动报警系统装置 1个系统(图中所示部分构成一整体系统)
清单工程量计算见表 5-15。

第五章 火灾自动报警系统和消防系统调试工程

表 5-15 清单工程量计算

项目编码	项目名称	项目特征描述	计量单位	工程量
030706001001	自动报警系统装置调试	如图所示	系统	1

(2)定额工程量。

自动报警系统装置调试,若点数在 128 点以下、256 点以下、500 点以下、1 000 点以下、2 000点以下,可分别按定额 7-195、7-196、7-197、7-198、7-199 计算。

本例套用定额 7-195,基价 3 782.89 元,其中人工费 2 480.82 元,材料费 243.24 元,机械费 1 058.83 元。

【例7】 以一综合楼的接待住宿区部分为例,试计算火灾自动报警系统的清单及定额工程量及说明其套用定额(不含主材费)。

1.工程概况

本工程为某地区综合楼中的接待住宿区部分,整体建筑为框架结构,接待住宿区部分底层层高 4.5 m,二、三层高 3.5 m。接待住宿区共计 3 层,底层为大堂,设置有消防控制室、接待区等,二层、三层为接待住宿用房。

2.设计说明

(1)本火灾自动报警系统设计只涉及综合楼中的住宿区部分。

(2)本工程采用二总线智能火灾报警联动一体机,控制器设置在一层。

(3)报警线路采用阻燃型铜芯导线,穿电线管和金属软管敷设。

(4)手动报警按钮安装高度 1.5 m,声光报警安装高度离地 1.8 m。

(5)系统接地利用本建筑物共用接地体,接地电阻≤1 Ω,接地导线截面≥16 mm^2。

(6)安装施工执行国家消防有关规范和国家施工验收规范。

3.火灾自动报警平面图说明

(1)图 5-18 为底层火灾自动报警平面图。该平面图能显示各火灾探测器、手动报警按钮、声光报警器等在建筑平面上安装的具体位置,报警联动控制一体机安装的位置,线路的走向、垂直配线、配管等的具体位置。

(2)图 5-19、图 5-20 分别为二、三层火灾自动报警平面图,同样可得知各火灾探测器、手动报警按钮、声光报警器等在建筑平面上安装的具体位置,线路的走向,垂直配线,配管的具体位置等。

4.火灾自动报警系统图

图 5-21 为该接待住宿区的火灾自动报警系统图。系统图中表明了每一层消防设备的组成及相对应的数量;标明了导线的型号、规格及配管的型号和规格,电源的配置情况及火警信息传输方式,系统图中确定模块的数量。

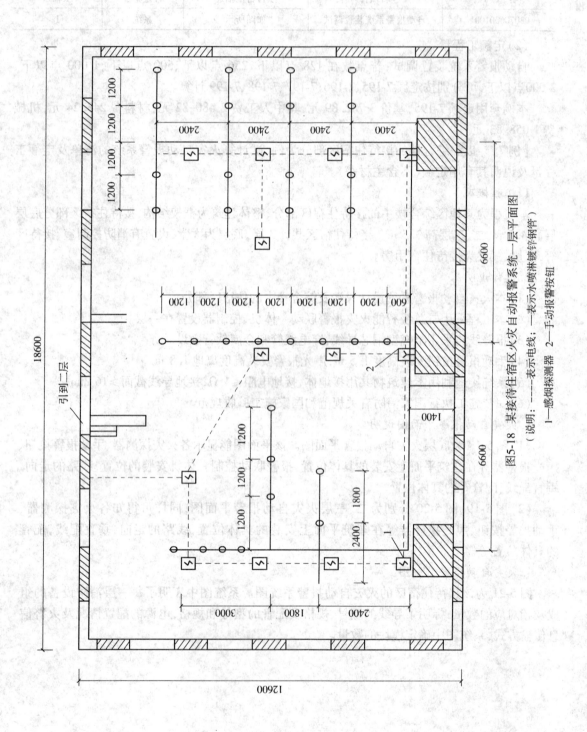

图5-18 某接待住宿区火灾自动报警系统一层平面图
（说明：----表示电线；—表示水喷淋镀锌钢管）
1—感烟探测器 2—手动报警按钮

第五章 火灾自动报警系统和消防系统调试工程

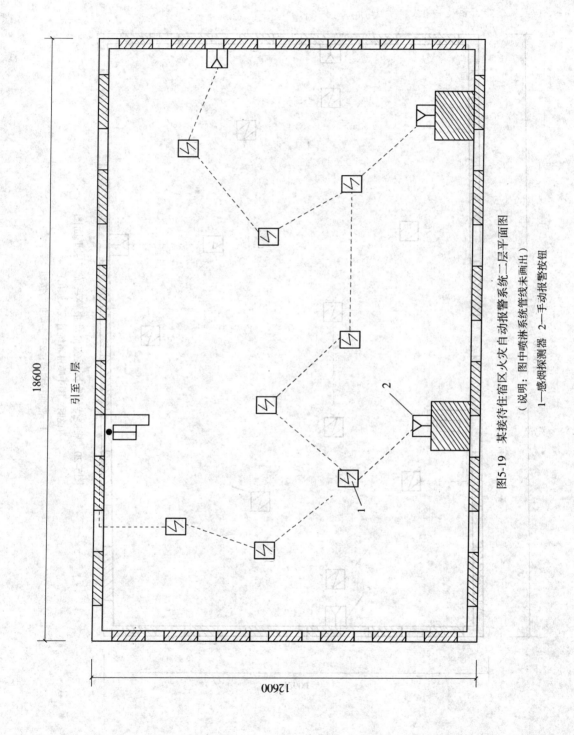

图5-19 某接待住宿区火灾自动报警系统二层平面图
（说明：图中喷淋系统管线未画出）
1—感烟探测器 2—手动报警按钮

消防工程

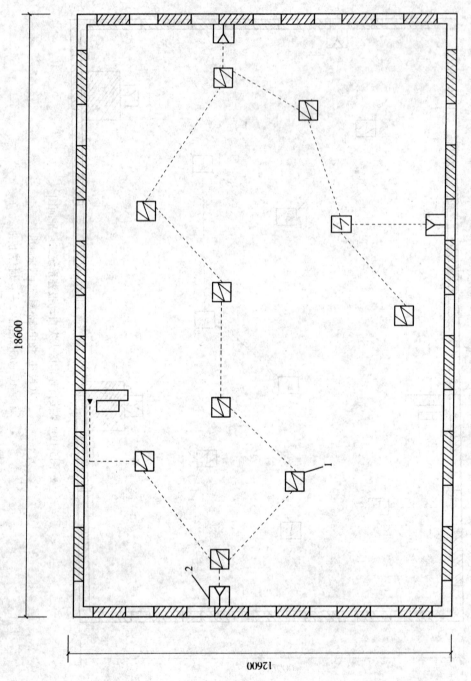

图5-20 某接待住宿区火灾自动报警系统二层平面图
(说明：图中喷淋系统管线管未画出)
1—感烟探测器；2—手动报警按钮

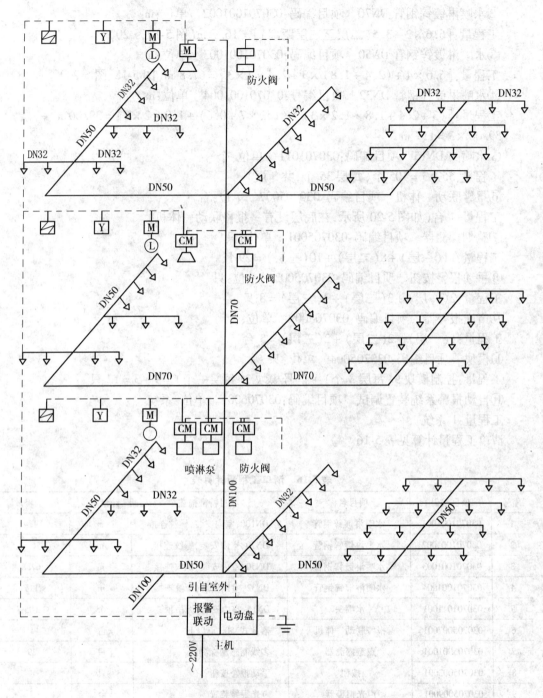

图 7-21 某接待住宿区火灾自动报警系统图
（图例说明：------代表电线，在系统图中不是实际布局）

【解】（1）火灾自动报警系统清单工程量。
①水喷淋镀锌钢管 DN100　项目编码:030701001001　单位:m
工程量:1.4 m(从室外至消防主干管长度,如图 5-18 所示)

②水喷淋镀锌钢管 DN70　项目编码:030701001002　单位:m
工程量:[6.6×2+3.5(二层至三层距离)] =16.7 m(图5-19,5-20)
③水喷淋镀锌钢管 DN50　项目编码:030701001003　单位:m
工程量:[6.6×4+(2.4+1.8)×3+2.4×4×3] =67.8 m(图5-18、图5-20)
④水喷淋镀锌钢管 DN32　项目编号:030701001004　单位:m
工程量:[(3+2.4+1.8+1.2×3)+(1.2×7+0.6)+1.2×2×8] =39.00 m(一层)
39.00×3=117 m
⑤水喷头 DN15　项目编码:030701011　单位:个
工程量:35×3=105个(每层35个,共3层)
⑥报警联动一体机　项目编码:030705007　单位:台
工程量:1台(如图5-20所示,在底层设有一报警联动一体机)
⑦感烟探测器　项目编码:030705001　单位:只
工程量:11(一层)+8(二层)+10(三层)=29只
⑧手动报警按钮　项目编码:030705003　单位:只
工程量:2(一层)+3(二层)+3(三层)=8只
⑨声光报警器　项目编码:030705009　单位:台
工程量:1(一层)+2(二层)+2(三层)=5台
⑩模块　项目编码:030705004　单位:只
工程量:控制模块9(每层3个)+信号模块3(每层一个)=9+3=12只
⑪自动报警系统装置调试　项目编码:030706001　单位:系统
工程量:1系统

清单工程量计算见表5-16。

表5-16　清单工程量计算表

序号	项目编码	项目名称	项目特征描述	计量单位	工程量
1	030701001001	水喷淋镀锌钢管	DN100,室内安装,螺纹连接	m	1.4
2	030701001002	水喷淋镀锌钢管	DN70,室内安装,螺纹连接	m	16.7
3	030701001003	水喷淋镀锌钢管	DN50,室内安装,螺纹连接	m	67.8
4	030701001004	水喷淋镀锌钢管	DN32,室内安装,螺纹连接	m	117
5	030701011001	水喷头	DN15,室内安装,无吊顶	个	105
6	030705007001	报警联动一体机	落地式,500点以下	台	1
7	030705001001	点型探测器	多线制感烟探测器	只	29
8	030705003001	按钮	手动报警按钮	只	8
9	030705009001	声光报警器	声光报警装置	台	5
10	030705004001	模块	控制模块多输出,信号模块报警接口	只	12
11	030706001001	自动报警系统装置调试	500点以下	系统	1

注:上述清单工程量未涉及电源、接线盒、金属软管、电线管、暗敷、管内穿线等电设备的计算请另行计算。

(2)定额工程量。

①水喷淋镀锌钢管 DN100　室内,螺纹连接

单位:10 m,工程量:0.14

套用定额编号7-73;基价100.95元,其中人工费76.39元,材料费15.30元,机械费9.26元。

②水喷淋镀锌钢管 DN70　室内,螺纹连接

单位:10 m　工程量:1.67

套用定额编号 7-71;基价 83.85 元,其中人工费 57.82 元,材料费 16.79 元,机械费9.24元。

③水喷淋镀锌钢管 DN50　室内,螺纹连接

单位:10 m　工程量:6.78

套用定额编号 7-70;基价,74.04 元,其中人工费 52.01 元,材料费 12.86 元,机械费9.17元。

④水喷淋镀锌钢管 DN32　室内,螺纹连接

单位:10 m　工程量:11.70

套用定额编号 7-68;基价59.24元,其中人工费43.89元,材料费8.53元,机械费6.82元。

⑤水喷头 DN15　室内安装,无吊顶

单位:10 个　工程量:10.50 个

套用定额编号 7-76;基价 61.01 元,其中人工费 36.69 元,材料费 20.19 元,机械费4.13元。

⑥报警联动一体机　落地式,500 点以下

单位:台　工程量:1

套用定额编号 7-44;基价 1 305.02 元,其中人工费 1 100.40 元,材料费 36.49 元,机械费168.13元。

⑦感烟探测器　多线制

单位:只　工程量:29

套用定额编号 7-1;基价 20.85 元,其中人工费 13.47 元,材料费 6.60 元,机械费 0.78 元。

⑧手动报警按钮

单位:只　工程量:7

套用定额编号 7-12;基价 28.48 元,其中人工费 19.97 元,材料费 7.28 元,机械费1.23元。

⑨声光报警器

单位:只　工程量　5

套用定额编号 7-50;基价 34.78 元,其中人工费 28.33 元,材料费 5.53 元,机械费0.92元。

⑩控制模块　多输出

单位:只　工程量　9

套用定额编号 7-14;基价 73.70 元,其中人工费 55.96 元,材料费 14.76 元,机械费2.98元。

⑪信号模块　报警接口

单位:只　工程量:3

套用定额编号 7-15;基价 47.82 元,其中人工费 39.94 元,材料费 5.61 元,机械费2.27元。

⑫自动报警系统装置调试　500 点以下

单位:系统　工程量:1

套用定额编号7-197;基价11 099.54元,其中人工费7 210.04元,材料费673.74元,机械费3 215.76元。

定额工程量计算见表5-17。

表5-17　定额工程量计算表

序号	定额编号	分部分项工程名称	定额单位	工程量	人工费/元	材料费/元	机械费/元
1	7-73	水喷淋镀锌钢管,DN100,室内,螺纹连接	10m	0.14	76.39	15.30	9.26
2	7-71	水喷淋镀锌钢管,DN70,室内,螺纹连接	10m	1.67	57.82	16.79	9.24
3	7-70	水喷淋镀锌钢管,DN50,室内,螺纹连接	10m	6.78	52.01	12.86	9.17
4	7-68	水喷淋镀锌钢管,DN32,室内,螺纹连接	10m	11.70	43.89	8.53	6.82
5	7-76	水喷头安装,DN15,无吊顶	10个	10.50	36.69	20.19	4.13
6	7-44	报警联动一体机,落地式,500点以下	台	1	1100.40	36.49	168.13
7	7-1	感烟探测器多线制	只	29	13.47	6.61	0.18
8	7-12	手动报警按钮	只	7	19.97	7.28	1.23
9	7-50	声光报警器	只	5	28.33	5.53	0.92
10	7-14	控制模块　多输出	只	9	55.96	14.76	2.98
11	7-15	信号模块　报警接口	只	3	39.94	5.61	2.27
12	7-197	自动报警系统装置调试,500点以下	系统	1	7210.04	673.74	3215.76

注:定额计算中未包含电源、接线盒、金属软管、电线管、暗敷、管内穿线等电设备的计算。

第六章 安全防范设备安装工程

第一节 安全防范设备安装工程造价简述

安全防范设备包括入侵探测设备、出入口控制设备、安全检查设备、电视监控设备、终端显示设备及安全防范系统调试等项目。

入侵探测设备：根据其分工不同可分为入侵及袭击信号器和探测器两大类。入侵袭击信号器包括磁性触头、玻璃破裂信号器、固体声信号器、报警线、报警脚垫和袭击信号器等。探测器根据其介质的不同分为被动式红外探测器、超声波探测器、微波探测器、红外—微波双技术探测器及主动型红外探测器等。

信号传输：将信号送至目的地的部分叫信号传输，分为有线传输与无线传输两种，有线传输有同轴电缆、光缆等，无线传输主要是电磁波。

终端控制设备：是保安监控系统的中心设备。其核心设备是工业控制机、单片机或微型计算机，并配有专门控制键盘、CRT 显示设备、主监视器、录像机、打印机、电话机等设备，另外可增配触摸屏、画面分割器、对讲系统、字符发生系统、声光报警等装置。

录像：用光学、电磁等方法把图像和伴音信号记录下来，以供将来参考之用。

灯光：报警信号用光的形式，一旦报警装置发出警报指令，警灯将闪亮，在建筑模拟图形屏上显示，使值班人员能及时获得事故信息。

警铃：用规定的铃声报警，以引起值班人员的注意。它一般与探测器或信号器联动，一旦探测器或信号器发现情况向监控中心传输信息的同时，打开警铃，引起附近值班人员的注意。

第二节 重要名词及相关数据公式精选

一、重要名词精选

1. 安全防范系统

安全防范系统是维护社会公共安全、保障公民人身安全和国家、集体、个人财产安全的系统工程，它在国内标准中定义为"安全警报系统"，在国外则被称为"损失预防和犯罪预防系统"。

2. 安全防范

安全防范以维护社会公共安全和预防灾害事故为目的，采取防入侵、防被盗、防破坏、防火、防爆和安全检查等措施。

3. 出入口控制

出入口控制也叫门禁控制，其功能是有效地管理门的开启和关闭，保证授权出入门人员的自由出入,限制未授权人员的进入,对暴力强行入门的行为予以报警。

4. 读卡器

读卡器是用来接受输入信息的设备。

5. 电控锁

电控锁是需要有电源万能动作的锁。

6. 安全检查

为了保证人员和财产安全,在机场、车站、港口和其他一些重要部门对出入人员进行检查,以发现随身携带或行李包裹中的危险品(诸如金属武器或爆炸物品等)。

7. 电视监控

通过摄像机及其辅助设备(镜头、云台等)将现场图像信号传输到监视器上,直接观看被监视场所的一切情况,这样的系统称为电视监控系统。

8. 门磁开关

安装于门上的由开关盒和磁铁盒构成的装置,当磁铁盒相对于开关盒开至一定距离时,能引起开关状态的变化,控制有关电路而发生报警信号。

9. 紧急脚踏开关

通过脚踏方式控制通、断状态的变化,从而控制有关电路以发出紧急报警信号的装置。

10. 紧急手动开关

通过手动方式控制通、断状态的变化,从而控制有关电路以发出紧急报警信号的装置。

11. 主动红外探测器

主动红外探测器是发射机和接收机之间的红外辐射光束,完全或大于给定的百分比部分被遮断时能产生报警状态的探测装置。

12. 微波探测器

微波探测器是应用多普勒原理,辐射频率大于 1 GHz 的电磁波,覆盖一定范围,并能探测到该范围内移动的人体而产生报警信号的装置。

13. 被动红外探测器

被动红外探测器是当人体在探测范围内移动,引起接收到的红外辐射电平变化而能产生报警状态的探测装置。

14. 超声波探测器

超声波探测器是应用多普勒原理,对移动的人体反射的超声波产生响应引起报警的装置。

15. 玻璃破碎探测器

玻璃探测器的传感器被安装在玻璃表面上,它能对玻璃破碎时通过玻璃传送的冲击波做出响应。

16. 振动探测器

振荡探测器是在探测范围内能对入侵者引起机械振动(冲击)产生报警信号的装置。

17. 多技术复合探测器

多技术复合探测器是将两种或两种以上单元组合于一体,且当各单元都感应到人体的移动,同时都处于报警状态时才发生报警信号的装置。

18. 自动闭门器

自动闭门器是根据出入口控制系统主机的指令,对入口门进行自动启闭的执行装置。

19. 可视对讲主机

可视对讲主机是可视对讲系统中安装在入口处具有选通、摄像及对讲功能的装置。

20. X射线安全检查设备

X射线安全检查设备是通过检测穿过被检物品的X射线的强度分布或能谱分布,对被检物作出安全判定的设备。

21. 金属武器探测器

金属武器探测器是结构上做成人可通过的门状,在门口建立电磁场,当人体携带金属物品通过该门时,能产生报警的装置。

22. 防火涂料

防火涂料是一类能降低可燃基材火焰传播速率或阻止热量向可燃物传递,进而推迟或消除基材的引燃过程或者推迟结构或力学强度降低的涂料。

23. 门镜

门镜是在门上安设的监视窗口。出于居住者个人的安全需要应安装门镜,以便在开门之前看到不速之客。

24. 红外光源

由于红外摄像机用于黑暗环境中,需要装设红外光源。按结构分为普通红外摄像机和红外CCD摄像机。

25. 黑白监视器

黑白监视器是一种显示画面为黑白灰色的监视器,它与黑白摄像机配合使用。

26. 彩色监视器

彩色监视器是一种显示画面为彩色的监视器,其形象较逼真。

27. 出入口控制系统

出入口控制系统又称门禁系统,是在建筑物内的主要管理区的出入口、电梯厅、主要设备控制中心机房、贵重物品的库房等重要部位的通道口安装门磁开关、电控锁或读卡机等控制装置,由中心控制室监控,系统采用计算机多重任务的处理,能够对各通道口的位置、通行对象及通行时间等进行实时控制或设定程序控制,适应一些银行、金融贸易楼和综合办公楼的公共安全管理。

28. 密码键盘

密码键盘是以输入代码比对来控制出入,该系统以输入代码的正确与否来作为允许出入的依据。

29. 门禁安全管理系统

门禁安全管理系统是新型现代安全管理系统,它集微机自动识别技术和现代安全管理措施为一体,它涉及电子、机械、光学、计算机技术、通信技术、生物技术等诸多新技术。它是解决重要部门出入口实现安全防范管理的有效措施。适用各种重要部门,如数据通信公司、电力公司、气象局、银行、宾馆、机房、军械库、机要室、办公间、停车场、智能化小区、工厂等。在数字技术网络技术飞速发展的今天,门禁技术得到了迅猛的发展。门禁系统早已超越了单纯的门道及钥匙管理,它已经逐渐发展成为一套完整的出入管理系统。它在工作环境安全、人事考勤管理等行政管理工作中发挥着巨大的作用。在该系统的基础上增加相应的辅助设备可以进行电梯控制、车辆进出控制,物业消防监控、保安巡检管理、餐饮收费管理等,真正实现区域内一卡智能管理。

30. 闭路电视监控系统

闭路电视监控系统分为一般性监控和密切监控两类。采用云台扫描可作全方位大面积的巡视,而对于固定场所或目标的监控,宜采用定位定焦死盯方式;监控部位应少留盲区与死角,对电梯内外的监控要引起重视并从技术上予以保证。电视监控系统的基本组成如图6-1所示。

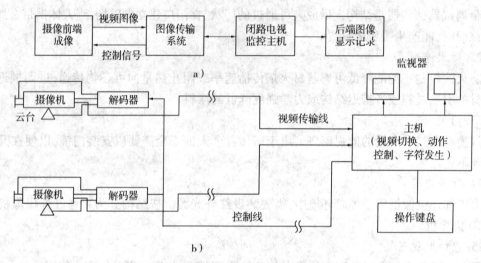

图6-1 电视监控系统的基本组成
a)组成框图 b)简例

在智能建筑的出入口、周界、主要通道、车库等重要场所安装摄像机,当监测区域的情况以图像方式实时传送到智能建筑的值班管理中心,值班人员通过电视屏幕可以随时了解这些重要场所情况。

闭路电视监控系统是安全防范技术体系中的一个重要组成部分,是一种先进的、防范能力极强的综合系统。闭路电视监控系统是智能化住宅小区的重要组成部分之一。

31. 摄像机

摄像机将被监视场所的画面(光信号)转变为图像信号(电信号),是拾取图像的设备,有黑白和彩色两种,根据监视对象的环境和具体要求来选取,其规格可分为1/3 in、1/2 in和2/3 in等。

32. 云台的定位功能

云台的定位功能即控制云台运动的准确定位以及云台的快速预置定位,特别是在与报警联动时,快速预置定位是非常重要的。

33. 安全检测系统

安全检测系统的作用是对建筑物或建筑物内一些特定通道实现X线、磁等检查,以保障建筑物、公共活动场所的安全。典型的安全检测设备和系统如图6-2所示。

二、重要数据精选

安全防范设备安装工程重要数据见表6-1~表6-12。

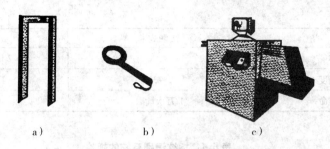

图 6-2 典型的安全检测设备和系统
a)金属探测门 b)手持式金属探测器 c)X 射线行包安检系统

表 6-1 彩色摄像机折算系数

距离/m \ 台数	1~8	9~16	17~32	33~64	65~128
71~200	1.6	1.9	2.1	2.3	2.5
200~400	1.9	2.1	2.3	2.5	2.7

表 6-2 黑白摄像机折算系数

距离/m \ 台数	1~8	9~16	17~32	33~64	65~128
71~200	1.3	1.6	1.8	2.0	2.2
200~400	1.6	1.9	2.1	2.3	2.5

表 6-3 可防护的玻璃类型   mm

玻璃类型	最小厚度	最大厚度	玻璃类型	最小厚度	最大厚度
平板	2.4	6.4	嵌线	6.4	6.4
钢化	3.2	6.4	镀膜	3.2	6.4
压层	3.2	14.3	密封绝缘	3.2	6.4

表 6-4 CCD 摄像机靶面像场的 a、b 值

像场尺寸 \ 摄像机管径	1 in (25.4 mm)	2/3 in (17 mm)	1/2 in (13 mm)	1/3 in (8.5 mm)	1/4 in (6.5 mm)
像场高度 a/mm	9.6	6.6	4.6	3.6	2.4
像场宽度 b/mm	12.8	8.8	6.4	4.8	3.2

表 6-5 接触式卡与非接触式卡比较

	接触式卡	非接触式卡
存储器	最高可达 32 kbit	最高只有 8 kbit
安全性	高	较低

(续)

	接触式卡	非接触式卡
成本		2倍于接触式卡
读取速度	2~3 s	150~200 μs
使用寿命	1万次读取	10万次读取

表6-6 指纹识别系统的规格

型号	独立指纹系统 Veriprint2100
公司	美国BII公司
错误接受率	0.000 1%
错误拒绝率	0.1%
指纹注册(登录)时间	小于2 s
判别方式	采用DSP和FFT
辨识时间	小于1 s
可允许的手指旋转	±18°
可允许的手指位移	±5 mm
指纹注册方式	人机交互
按键	12个
标称存储指纹数	1 400个,最多8 300个
指纹取样窗口	光纤材料,配CCD摄像机
质量	1.02 kg
控制箱尺寸	165 mm×140 mm×58 mm
显示单元	两行液晶显示器;每行16字
I/O接口	RS-232及RS-485各1个、1个TTL I/O、1个威根卡I/O、1个继电器输出

表6-7 在环境条件恶劣情况下技术指标

项目	指标值
视频信号输出幅度(峰—峰值)	1 V±6 dB
黑白电视水平清晰度	≥300线
彩色电视水平清晰度	≥250线
灰度等级	≥7线
信噪比	≥36 dB

表6-8 信噪比　　　　　　　　　　　　　　　　　　　　dB

指标项目	黑白电视系统	彩色电视系统
随机信噪比	37	36
单频干扰	40	37

(续)

指标项目	黑白电视系统	彩色电视系统
电源干扰	40	37
脉冲干扰	37	31

表6-9 标准照度下技术指标

项 目	指标值
视频信号输出幅度(峰—峰值)	1 V ±3 dB
黑白电视水平清晰度	≥350 线
彩色电视水平清晰度	≥300 线
灰度等级	≥8 级
信噪比	≥40 dB

表6-10 监视器屏幕尺寸与可供观看的最佳距离

监视器规格(对角线)		屏幕标称尺寸		可供观看的最佳距离	
/cm	/in	宽/cm	高/cm	最小观看距离/m	最大观看距离/m
23	9	18.4	13.8	0.92	1.6
31	12	24.8	18.6	1.22	2.2
35	14	28.0	21.0	1.42	2.5
43	17	34.4	25.8	1.72	3.0
47	18	37.6	28.2	1.83	3.2
51	20	40.8	30.6	2.04	3.6

表6-11 云台的分类

分类方式	内 容	特 点
按安装部位分	室内云台	—
	室外云台	对防雨和抗风力的要求高,其仰角一般较小,以保护摄像机镜头
按运动方式分	固定支架云台	—
	电动云台	电动云台按运动方向又分水平旋转云台和全方位云台
按承受负载能力分	轻载云台	最大负重20磅(9.08 kg)
	中载云台	最大负重50磅(22.7 kg)
	重载云台	最大负重100磅(45 kg)
	防爆云台	用于危险环境,可负重100磅(45 kg)
按旋转速度分	恒速云台	只有一档速度,一般水平转速为6°/s～12°/s,垂直俯仰速度为3°/s～3.5°/s
	可变速云台	水平转速为0°/s～7 400°/s,垂直倾斜速度多为0°/s～120°/s 最高可达400°/s。

6-12 几种常用电动云台的特性

性能 种类 项目	室内限位旋转式	室外限位旋转式	室外连续旋转式	室外自动反转式
水平旋转速度	6°/s	3.2°/s	—	6°/s
垂直旋转速度	3°/s	3°/s	3°/s	—
水平旋转角	0°~350°	0°~350°	0°~360°	0°~350°
垂直旋转角 仰	45°	15°	30°	30°
垂直旋转角 俯	45°	60°	60°	60°
抗风力	—	60 m/s	60 m/s	60 m/s

第三节 工程定额及工程规范精汇

一、安全防范设备安装工程定额工程量计算规则

(1)设备、部件按设计成品以"台"或"套"为计量单位。

(2)模拟盘以"m^2"为计量单位。

(3)入侵报警系统调试以"系统"为计量单位,其点数按实际调试点数计算。

(4)电视监控系统调试以"系统"为计量单位,其头尾数包括摄像机、监视器数量之和。

(5)其他联动设备的调试已考虑在单机调试中,其工程量不得另行计算。

二、安全防范设备安装工程定额换算

(1)本章包括入侵探测设备、出入口控制设备、安全检查设备、电视监控设备、终端显示设备安装及安全防范系统调试等项目。

(2)在执行电视监控设备安装定额时,其综合工日应根据系统中摄像机台数和距离(摄像机与控制器之间电缆实际长度)远近分别乘以表6-1、表6-2的系数。

(3)系统调试是指入侵报警系统和电视监控系统安装完毕并且联通,按国家有关规范所进行的全系统的检测、调整和试验。

第四节 工程造价编制注意事项

(1)本部分包括以下工作内容:

①设备开箱、清点、搬运、设备组装、检查基础、划线、定位、安装设备。

②施工及验收规范内规定的调整和试运行、性能实验、功能实验。

③各种机具及附件的领用、搬运、搭设、拆除、退库等。

(2)安防检测部门的检测费由建设单位负担。

(3)系统调试中的系统装置包括前端各类入侵报警探测器、信号传输和终端控制设备、监视器及录像、灯光、警铃等所必需的联动设备。

第五节　工程造价实例精讲

【例1】　计算图6-3所示工程量并套用定额(不含主材费)。

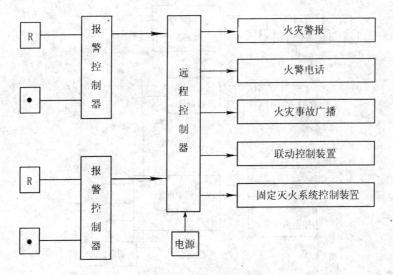

图6-3　远程控制系统示意图

【解】　(1)清单工程量。

1)联动控制器　1台

2)远程控制器　1台

清单工程量计算见表6-13。

表6-13　清单工程量计算

序号	项目编码	项目名称	项目特征描述	计量单位	工程量
1	030705006001	联动控制器	落地式,2 000点以下	台	1
2	030705010001	远程控制器	5路以下	台	1

(2)定额工程量。

1)报警联动一体机,落地式,2 000点以下采用定额7-46进行计算,基价2 253.48元,其中人工费1 680.90元,材料费116.45元,机械费456.13元。

2)远程控制器,5路以下采用定额7-53进行计算,基价273.45元,其中人工费244.74元,材料费25.04元,机械费3.67元。

【例2】　计算图6-4所示报警系统的工程量并套用定额(不含主材费)。

【解】　(1)清单工程量。

1)点型探测器　9只

2)按钮　3只

3)报警控制器　4台　(3台区域控制器,1台集中)

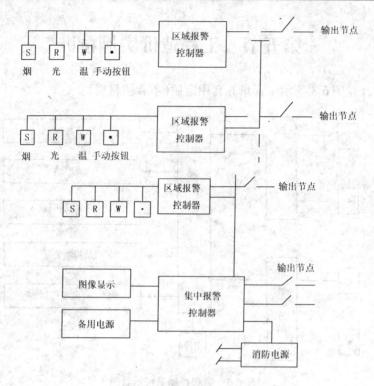

图 6-4 报警控制装置示意图

4) 重复显示器 4 台 (每个控制器中 1 个)
5) 报警装置 4 台 (每个控制器中属于 1 组报警装置)

清单工程量计算见表 6-14。

表 6-14 清单工程量计算

序号	项目编码	项目名称	项目特征描述	计量单位	工程量
1	030705001001	点型探测器	多线制,感烟	只	3
2	030705001002	点型探测器	多线制,感光	只	3
3	030705001003	点型探测器	多线制,感温	只	3
4	030705003001	按钮	手动按钮	只	3
5	030705005001	报警控制器	多线制,壁挂式,32点以下	台	3
6	030705005002	报警控制器	集中报警控制器,落地式,500点以下	台	1
7	030705008001	重复显示器	多线制	台	4
8	030705009001	报警装置	声光报警	台	4

(2) 定额工程量。

①点型探测器,多线制,感烟,用定额 7-1 进行计算,基价 20.85 元,其中人工费 13.47 元,材料费 6.60 元,机械费 0.78 元。

②点型探测器,多线制,感光,用定额 7-4 进行计算,基价 38.49 元,其中人工费 26.94 元,

128